U0240548

国际设计奖项与创新型社会建构研究

庞 观 著

江苏凤凰美术出版社

图书在版编目（CIP）数据

国际设计奖项与创新型社会建构研究 / 庞观著 . ——
南京：江苏凤凰美术出版社，2022.9
（当代中国工业设计研究实践丛书）
ISBN 978-7-5741-0231-6

Ⅰ.①国… Ⅱ.①庞… Ⅲ.①工业设计—研究—世界
Ⅳ.① TB47

中国版本图书馆 CIP 数据核字（2022）第 158301 号

策　　划　方立松
责任编辑　王左佐
封面设计　武　迪
责任校对　孙剑博
责任监印　唐　虎

书　　名　国际设计奖项与创新型社会建构研究
著　　者　庞　观
出版发行　江苏凤凰美术出版社（南京市湖南路1号　邮编：210009）
制　　版　南京新华丰制版有限公司
印　　刷　南京互腾纸制品有限公司
开　　本　718mm×1000mm　1/16
印　　张　12
版　　次　2022年9月第1版　2022年9月第1次印刷
标准书号　ISBN 978-7-5741-0231-6
定　　价　108.00元

营销部电话　025-68155675　营销部地址　南京市湖南路1号
江苏凤凰美术出版社图书凡印装错误可向承印厂调换

引 言

国际设计奖项至今已有 60 年时间。在半个多世纪的发展中，设计奖项伴随社会结构的变化与人类文明的发展，其目标、服务对象、倡导的价值观等都发生了相应的变化。本书的研究不仅能在一定意义上对当今如火如荼的设计评奖提供冷静思考的空间，亦对设计评价体系的梳理乃至社会转型升级发展具有理论与现实的指导意义。尤其针对当今我国各类设计奖项如雨后春笋般涌现这一现象，给予了认真研究，努力在自身发展上避免走弯路。本书梳理分析了具有代表性的国际设计奖项，透过设计奖项的历史脉络、成长经历、成败因素等找出现代化社会知识经济的今天，设计奖项应该具备什么样的能力与新内涵，发现设计奖项在社会文明发展和创新中起到的方向引领和文化价值提升作用，使其成为国家创新体系的一部分。

本书首先讨论了设计奖项的理论框架，分析了 20 世纪中期重要设计因素和社会历史背景对设计奖项产生的影响，着重讨论了历史上以德国为代表的西方国家针对设计奖项颁布的国家政策等相关发展措施，并对具有代表性的三大设计奖项进行比较分析。德国 IF 奖诞生最早，代表西方设计奖项，具有典型性；日本战后迅速崛起，以设计为振兴国家的发展战略，G-mark 奖项具有独特的社会价值使命感；中国的红星奖作为发展中国家设计奖项崛起的代表，虽起步较晚，但发展速度较快。通过比较三大奖项在结构、机制流程、评委与参赛者、发展变化与奖项外延（展览、交流、培训）等方面的不同，讨论设计奖项在各自发展中呈现出的文化价值与社会责任。

其次，讨论设计奖项对企业的经济价值和对社会的文化价值，重点分析了在企业成长中设计奖项带来的市场效益，以及与企业共同成长的脉络。同时，设计奖项在国家发展、普世教育、社会进步等方面也发挥着重要作用。

再次，深入讨论本书重点内容，即在创新型社会中设计奖项的意义。通过明确社会现代化理论中设计奖项在知识经济中的位置，重新认识设计奖项在当今以知识为主导的创新型社会中具有的创造价值。同时，设计奖项还具备批评价值，在产业与科技中发挥桥梁的作用，是改变社会的推动力。相对完整地梳理了设计奖项的内容后，明确全书的创新之处，即能够启发人们思考的问题。这也是本书的落脚点。

最后，在结论部分提出 7 个值得思考的问题，即设计奖项的公信力与价值导向问题、设计奖项的发展力度与落实程度问题、设计奖项的数量与质量问题、设计奖项的根本目的等是推动社会进步和经济发展的问题、如何通过设计奖项正确引导科技利用问题、设计奖项对于专业人才储备与普及大众教育问题以及设计奖项如何创造新型生活方式问题。

引言

第一节　国际设计奖项设立背景与研究必要性

"国际市场中，瑞典的'安全性'、德国的'技术效率'、法国的'气质'以及意大利的'高雅'，彼此间进行着较量。每种形象都构成了国家品质的图画。在含义丰富的设计语义学中，即'创造一系列设计语言'，这些设计语言向消费者传达产品的合目的性，即品牌发生作用的方式。它可以补偿主体或消费者行为的'效应'。通过不断重申品牌为商品创建意义和用途的能力，使这些效应成为品牌力量的作用结果。作为一种文化力，设计能够填补脱离传统社会关系后留下的空白，已在日常生活中起着重要作用。作为展示国力的工具，设计已远离 19 世纪那巨大展厅展示生产机械的展览。国家认同已开始在市场中展示。它内嵌在大众媒体中，并成为日常性的体验。"①

随着设计日益大众化，林林总总的设计奖项如雨后春笋般出现在中国设计领域。以 2017 年为例，中国省级以上工业设计类奖项有近 300 种（详见附录 1）。如此多的奖项评比在一定意义上说是社会的进步，也是工业文明提高了我们对产品与服务的需求，更是设计界、企业、协会、政府各部门对知识经济的新认识与新实践，表现出共同创造未来更合理生活方式的良好意愿。

但是，综观国际设计奖项发展状况，对比各时期经典的、具有良好口碑与品牌影响力的国际设计奖项，我们可以更加清楚和理智地判断什么样的价值取向是积极的，什

① ［英］彭妮·斯帕克，钱凤根、于晓红译：《设计与文化导论》，南京：译林出版社，2012 年。

么样的奖项设立是必要的，什么样的设计引领是创新的，以及如何整合政府、行业协会、设计界、企业等多要素优势，真正地让设计奖项设立有意义、有方向、符合实际国情、能够创造创新型社会的价值体系、引领新的生活方式。这是研究成熟、经典的国际设计奖项的最终目的。只有这样，才能在学习、梳理、总结、归纳众多的奖项中，找到更适合我国的发展方向与创新之路，避免设立奖项时出现盲目性、表面化、混乱、资源重复浪费的问题。

设计本身就是一个融汇多学科并与多专业协同创新的研究领域。"工业设计的性质决定了它是一门覆盖面很广的交叉融汇的科学，涉足了众多学科的研究领域，犹如工业社会的黏合剂，使原本孤立的学科诸如物理、化学、生物学、市场学、美学、人体工程学、社会学、心理学、哲学等，彼此联系、相互交融，结成有机的统一体，实现了客观地揭示自然规律的科学与主观、能动地进行创造活动的艺术的再度联手。"[1]所以，设计奖项的重要评选标准，往往离不开创新与引领。德国学者迈克尔·埃尔霍夫（Michael Erlhoff）指出："在设计中，创新是对开发、生产、分配的改变或使用人造物、环境、系统的改变，用户或目标观众能够感受到这种改变的差异。在这一情境中，创新与发明是截然不同的。"[2]

所以，设立设计奖项直接关乎国家创新业态的发展，是国家创新机制的组成部分，共同作用于国家体系的知识转化、保存等流程。也就是说，设计奖项倡导的创新价值，可以在国家政策和机构的作用下，更好地带动企业转化成生产与服务的经济业态，促进经济发展与社会文明进步。它是社会精神价值得以提升的助推剂，是对大众进行设计审美教育的有效方式，也是创新力培养与提高的重要动力。

第二节　国际设计奖项研究的意义

任何好的设计都应与当地的文化、生活习惯以及价值观乃至与人类文明发展方向一致，这样它才具有生命力与活力。设计关注由工业化衍生出来的工具、组织以及由此创造出来的产品、服务、系统。工业化社会中，"限定设计的形容词工业的（industrial）必然与工业（industry）一词有关，也与它在生产部门所具有的含义，

---

① Adrian Heath, *300 Years of Industrial Design: Function, Form, Technique*, New York：Watson-Guptill Publications，2000.

② Michael Erlhoff and Tim Marshall, *Design Dictionary*, Birkhäuser, 2008, p.219.

或者其古老的含义勤奋工作（industrious activity）相关。也就是说，设计是一种包含了广泛专业的活动，产品、服务、平面、室内和建筑都在其中。这些活动都应该和其他相关专业协调配合，进一步提高生命的价值"[1]。

参考国际工业设计协会（ICSID）颁布的《工业设计定义》，可以了解以下内容。

目的：设计是一种创造性的活动，其目的是为物品、过程、服务以及它们在整个生命周期中构成的系统建立起多方面的品质。因此，设计既是创新技术人性化的重要因素，也是经济文化交流的关键因素。

任务：设计致力于发现和评估与下列项目在结构、组织、功能、表现和经济上的关系。

增强全球可持续性发展和环境保护（全球道德规范）

给全人类社会、个人和集体带来利益与自由

最终用户、制造者和市场经营者（社会道德规范）

在世界全球化的背景下支持文化的多样性（文化道德规范）

赋予产品、服务和系统以表现性的形式（语义学），并与它们的内涵相协调（美学）

从 20 世纪中期至今，很多发达国家将工业设计作为国家发展战略的组成部分。国家设计振兴政策把"设计价值"（designvalue）纳入国家经济战略，大力关注、培育和扶植，并在政策和资金上给予倾斜。设立设计奖项，成为很多发达国家，如英国、德国、美国、日本、法国、澳大利亚等推动经济、科技、文化等国家综合创新实力的重要手段。同时，随着设计奖项的不断设立，评选标准逐渐完善，它与产业日渐衔接、与社会持续共融，已成为促进现代社会发展的重要力量。

一、强国——制订国家设计产业发展战略

在知识经济时代，国家区域间的竞争日趋激烈，依靠传统自然资源和低成本人力资源的发展模式正向依靠创造力、创新驱动型模式转变。各个国家在制订国家创新战略、提升竞争力时，将创新落到实处，是实现构建设计体系与政策紧密结合的必由之路。

从世界各主要发达与发展中国家采取的设计政策中可以了解到，"各国已逐步将设计公共政策作为国家公共政策系统的重要组成予以颁布和推进，以期对于本国设计产业的发

---

[1] Jocelyn De Noblet, *Industrial Design: Reflection of a Century – 19th To 21st Century*, Paris: Flammarion, 1996.

展发挥战略性的规划和指导意义"①。

·英国："英国国家设计战略"（UK National Design Strategy），并依靠设计规划引领英国设计产业发展

·荷兰："荷兰国家设计振兴政策"（Netherlands National Design Program 2005-2008）

·芬兰："芬兰国家设计振兴政策"（Finland National Design Program 2005）

·丹麦："丹麦国家设计振兴政策"（Denmark National Design Program 2004—2007）

·日本："日本国家设计振兴政策"（Japan National Design Program 2003）

·韩国："韩国国家设计振兴政策"（Korea National Design Program 1993—2007），又名"韩国设计振兴的3个五年计划"

·新加坡："新加坡国家设计振兴政策"（Singapore National Design Program）

·澳大利亚："澳大利亚国家设计振兴政策"（Australia National Design Program 2005）

·印度："印度国家设计振兴政策"（India National Design Program）

以上国家均将设计振兴政策纳入国家发展战略。

经济全球化使国内竞争和地区竞争演变为全球范围内的国际竞争。在经济全球化时代，任何国家都不可能闭关自守、自给自足，必须面对和参与国际竞争，在激烈的国际竞争中找准定位，发挥自身的比较优势，培育竞争优势，否则必定落后或遭到淘汰。并且，产业和企业之间的竞争不仅仅体现在价格和质量方面，还表现在生产组织方式方面。

设计的本质在于为人创造更加合理、健康的生存方式。其中有很多方法，如依据可持续发展原则，创造性和系统性地协调人的需求要素与需求满足程度之间的平衡关系，从而促进社会健康发展。任何事物的存在与发展，必然要继承与变革相应的时代要素与特征。人类社会进入21世纪，在信息化与知识经济的综合推动下，较之以往的社会形态及运行方式有了广泛而深刻的变革。这突出反映在经济环境、科技环境、自然环境以及消费环境等方面的调整和更新上，设计在这一全新的环境系统中无疑被赋予新的时代精神与历史使命。

设计从业人员数量迅速增加，业务范畴不断扩大、细化、延伸，人才储备规模不断扩大，都为规模化的考核提供了积累。设计作为直接针对需求的输出系统，其在产业体系中

---

① 资料来源：工信部课题"国内外工业设计发展趋势"研究报告。

发挥的作用将对国家产业结构调整和增长模式转型变得愈发重要。设计奖项的设立，也对产业增长以及产业体系的调整起到系统化、全局化的作用。

二、创新——知识创新、制度创新促进社会现代化

第二次工业革命后，欧洲等西方国家的生产力飞速发展，技术、设计、市场逐步形成紧密且有助于经济发展的网。从工业革命到信息革命的发展过程中，创新的力量无处不在，设计学科与创新发展更是密不可分。今日的设计已不仅仅局限在文化、艺术层面，而是与其他学科交叉，迫切需要更深入的发展，成为推动社会创新、发展的主要力量。2005 年，国家已经认识到实施创新战略的重要性："要深入实施科教兴国战略和人才强国战略，把增强自主创新能力作为科学技术发展的战略基点和调整产业结构、转变增长方式的中心环节，大力提高原始创新能力、集成创新能力和引进消化吸收再创新能力。"[1]设计的创新能力不容小觑，它可以缩小科技与人文之间的差异，起到桥梁甚至凝聚的作用，创造出新的市场。"国家创新系统是在新型、经济实用型知识的产生、扩散和使用中相互作用的各种因素和关系"。[2]

20 世纪初期，哈佛经济学教授约瑟夫·熊彼特（Joseph Schumpeter）在《经济发展理论》中第一次提出了创新的概念限定，并对创新和发明的定义作了区分。他指出："发明提出解决问题的办法，但如果只是提出办法而不予以实施，对经济社会不会发生任何影响，创新则是要将这些办法予以实施。"[3]

科技进步使产品和产业结构发生了变化。处于第一次技术革命时期的英国工业化只能在纺织、机械、冶铁、煤炭等产业中作出选择；处于第二次技术革命时期的美国工业拓展了产业的选择范围，如电力、石油、化学、汽车、铁路、无线通信等；处于第三次技术革命时期的日本和亚洲"四小龙"，其工业化又增加了电子、通信、新材料、新能源、宇航、海洋等产业；处于第四次技术革命时期的发展中国家，工业化中又增加了信息、生物工程和新医药、现代服务业等产业。产业和产品结构与消费结构是紧密相连的。科技进步提供了许多新兴消费品（如手机、电脑等），增加了人类的消费品种，改变了

① 《中共中央关于制定国民经济和社会发展第十一个五年规划的建议》，中国共产党第十六届五中全会，2005 年。
② Michael Porter, *The Competitive Advantage of Nations*, London: Free Press, 1998.
③ 施建生：《伟大的经济学家熊彼特》，北京：中信出版社，2006 年，第 19 页。

人类的消费结构（传统的衣食住行消费比重下降，新兴的通信、教育、旅游、娱乐休闲等体验式消费比重上升）。若想在经济全球化的时代追赶上发达国家的步伐，如何利用知识经济的价值产生社会动能是关键。创新不仅是技术创新、行业创新，更是产业创新、知识创新。

近几年在对中国发展的研究中，美国《明尼波利斯明星论坛报》这样报道："建筑和交通系统，电子产品、音乐、艺术和时装——要么是由外国人创造的，要么是对外国的发明进行的模仿。这就是中国崛起不会成为威胁的原因——目前的中国不具有领导世界的能力。在21世纪初的20年里，中国的政治制度的确推动了社会发展，并实现了令人震惊的变化，但缺乏创新精神的状况，抑制了它的力量。"同比另一项研究，宾夕法尼亚莱斯特大学的一项研究结果表明，在最容易接受新技术和创新方面，排在第一名的国家是日本，新技术出现平均5年就会得到应用，接下来是挪威、瑞典、丹麦和荷兰。第六名是美国，新技术的应用时间是6.2年。在这份名单的最后，是越南和中国。中国的新技术应用大约要13.9年。主持这项研究的Deepa教授说："大多数的产品以很快的速度推向市场，这种速度已经成为评价国家创新能力的重要指标。"

知识创新和制度创新在促进社会新经济和新产业的形成过程中尤为重要（见图1）。设计在知识创新、技术创新、制度创新中都有所体现，是现代社会发展中推动社会现代化的重要来源。

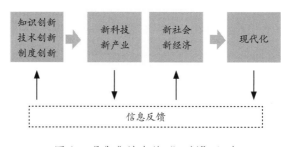

图1　现代化社会的"三新"驱动

三、责任——普世设计教育与创新人才培养

设计奖项的作用不仅体现在评判标准与评奖机制的端正性，指明优秀产品与设计的正确价值导向上，还在于对社会大众开展美的普世教育承担重要的责任。设计奖项在制度设计、奖项推广、展览宣传、交流培训等方面都可以发挥上述作用。很多成熟的国际设计奖项都在奖项外延，即展览、论坛、跨地域合作等交流方式上做得比较完善，不仅为设计专业人才的培养和储备给予充分的养料，更在大众的设计教育、审美提升、文化价值引领方面起到重要的作用。

优秀的设计比大众媒体更有能力传达令人信服的价值和观念。设计与工业及其服务的消费者所处的商业环境形成一种日益紧密的联系，呈现出全新面貌。"国家逐渐站在设计的角度来界定和表现自己，将设计视为一种手段，为自己建立文化和商业身份，吸引自己面对的广大民众。"[1]设置奖项的主办方和奖项的参赛方，都要重新审视自身对于社会的真正价值，实现所有人员的自我成长与自我完善。因为"尽管设计是经济增长的强力催化剂这一观点已经越来越被认可，但相较更为成熟的专业，如医学、法律等，设计还是一个相对年轻的学科。这就解释了为什么许多设计师喜欢把自己称为商业顾问，而非设计专家。不幸的是，这将意味着他们更可能处于相对肤浅的工作层面，而且从长远角度看甚至有害于社会。"这与目前尚没有统一高度的价值衡量有关。所以，若往好的一面看，"他们拥有巨大的尚未被开发的潜力，可以帮助社会采取更理智的生活方式，而且无须采取严厉的措施，也无须依赖如官僚操作、立法、税收等辅助方法，就可以实现这一点。苹果电脑的成功已经向人们昭示出设计的整合能力"[2]。

以西方较成熟的设计奖项为研究对象，可以将近60年优秀设计对社会进步的创新推动作用，以及在科技、人文等领域间发挥的桥梁、系统及带领作用进行深入研究。在分析设计奖项的优秀作品以及评审标准、宣传推广等一系列行为后，可以梳理设计奖项对产业升级、行业发展、社会正确价值观引导与提升等方面的意义，找到值得我国设计专业借鉴的地方。

---

① ［英］彭妮·斯帕克，钱凤根、于晓红译：《设计与文化导论》，南京：译林出版社，2012年。
② ［英］约翰·伍德：《论时间和正在缩短的"设计未来"》，《装饰》2012年第3期。

第三节 国际设计奖项研究现状

国际设计奖项发展至今，已有大概 60 年历程。不同时期的社会发展情况对于设计奖项的影响是不同的。本书以德国 IF 设计奖、日本 G-mark 奖和中国红星奖为主要研究对象，希望能够通过分析德国、日本、中国工业产业进程，发现设计顺势而生的影响因素以及对科技、商业、学术的导向性作用。目前，学术界对于设计奖项的研究与梳理并不深入，基本停留在资料的收集与简单获奖作品的分类阶段，或者只是针对奖项评审标准的研究，对于设计奖项产生的地域特点、时代背景，影响其发展的经济、政治、文化等综合因素的考量，以及推动社会工业化、信息化产业进程和促进社会文明发展的相关联系与相互作用还没有整体、系统的分析与判断。

一、国外设计奖项研究现状

从 20 世纪中期到 21 世纪初的几十年间，多数发达国家已经将设计作为国家发展战略的重要组成部分，形成国家层面的设计振兴计划，在政策和资金上有所倾斜，大力关注、培育和扶植本国设计奖项的设置。同时，依托本国设计行业协会举办的设计奖项，拉动产业、研究、技术、设计的共同发展。设计奖项为设计与经济层面信用卓著的服务提供平台，赋予人们更多的自主和自觉。通过设计获奖作品的内在对生命的尊重，体现世界发展更加注重"人"这一根本要素。

目前，国际工业设计中比较有影响力的奖项有德国 IF 设计奖（IF）、德国红点奖（Red Dot）、日本优良设计奖（G-mark）、美国 IDEA 设计奖（Industrial Design Excellence Awards）。此外，还有澳大利亚国际设计奖（Australia International Design Award）、英国设计奖

（DBA Design Effectiveness Awards）、法国设计奖（Valorisation De L'innovation Dans L'ameublement）、意大利金圆规设计奖（Compassod d'Oro Award）。

本书以德国 IF 设计奖、日本 G-mark 奖为主，辅以其他同类奖项为参照。IF 奖由汉诺威工业设计论坛每年定期举办，评奖标准以独立、严谨、可靠原则闻名于世，宗旨在于提升民众对设计的认知。IF 奖是全球最具专业信誉的工业设计奖项之一，其影响力与德国的制造业声誉一并扩大到全世界。G-mark 奖，又称优良设计奖，是日本唯一的综合性设计奖项，其评奖原则重在评价与推荐。在近 60 年中，产生了约 3 万个不同类别的设计奖。优良设计奖的最大特点是得到日本本国的认可，并得到包括企业、设计师以及社会大众的广泛支持。同时，拥有设计奖"G"标记的产品，也被看作优秀的设计作品，是质量卓越的代表。它们分别代表现代化进程中欧洲与亚洲的设计奖项对于设计以及工业的影响，是不同地域社会发展进步的微观体现。欧洲的 IF 设计奖项是建立最早的评奖体系，很快影响到日本 G-mark 奖的设立，两个奖项基本属于同一时期创立。由于国情发展和地域、经济、文化背景等多因素的不同，60 年后的今天已经形成完全不同的两套价值体系与设计奖项评审标准，很有研究的意义和借鉴作用。

二、国内设计奖项研究现状

我国设计类奖项的设立时间均不长，绝大部分是在 2005 年之后设立的，行业的美誉度不敌国际奖项。本书欲通过比较分析国际上相对成熟的设计奖项，优化国家设计奖项评比标准、行业规范，促进产业创新，同时弥补国内设计类奖项的不足。

初步研究发现，在中国现有的众多设计奖项中，相对有代表性和影响力的是 2006 年设立的红星奖。该奖项坚持立足中国国情，引领、推动中国设计向可持续性方向发展，多年来致力于将创意、创新、创业作为设计的发展方向，推动了大众创业、万众创新和中国经济转型升级。红星奖作为中国具有影响力的设计奖项，获奖作品能够代表中国设计行业水平，引领着中国设计行业的发展方向。同时，红星奖作为由政府支持、中国工业设计协会和北京市科委合作设立的奖项，具有良好的社会导向性，对中国企业、设计公司、设计高校等有着非常重要的影响。2006 年设立至今，它不断推动国家经济发展，是我国工业设计领域具有权威性的国家级奖项。

第四节 国际设计奖项与创新型社会构建的研究方法

一、问题与方法

在全球化趋势下，设计奖项要能够有效基于受众需求调整产业结构；当信息化和科学技术获得突破性进步时，设计评比中的优秀作品能够成为技术与需求的转化纽带，防止出现需求的偏激与技术的异化。在面临资源与环境约束加剧的情况时，拥有国际影响力的设计奖项要能够合理配置资源，将可持续发展的重要理念深入的全球产业链条的各个环节，为每一环节的健康发展提供养分。

编写本书的目的是为设计奖项在社会创新创业中更好地发挥推动与引领作用找到清晰的思路。通过研究西方近60年设计奖项的发展历程，发现适合中国国情的、促进中国社会发展的奖项设置方法，明确优秀作品落地、产业创新的方向。同时，力图改变现今设计中存在的大量问题，如不再被动地被商业利益裹挟，不再在"微笑曲线"的最底端重复简单制造加工等。

本书采用的研究方法主要有文献研究、系统分析、案例分析等。文献研究是梳理国内外已有资料，将历年获奖年鉴进行分类整理，逐一分析奖项历史、评审标准、推广平台等大类，界定本书研究范围。案例分析是选取重点奖项（IF奖、G-mark奖、红星奖）进行案例研究，并开展实地调研，掌握真实新鲜材料，按照写作思路扩充案例，从实际案例中归纳要点，建立网络框架，并在实践中检验。最后，分析数据，提取要点。

二、特色与创新

本书的创新体现在学术理论、实际应用价值以及社会普及教育方面。

（一）学术理论的创新性贡献

设计奖项的研究对设计专业的学科设置以及学习方法都有积极的指导和推动作用，可以引领专业有所创新与突破。以奖项研究为切入点，本书通过收集三大设计奖项的大量数据资料，归纳梳理出各设计奖项的存在优势，得出相对完善、客观的设计奖项评判标准。这是目前设计专业领域尚不完善且没有进行总结的。何谓好设计，何谓好设计的评判标准，何谓适合中国发展的好设计，是本书在设计专业领域努力探究的重要内容。

在研究设计奖项的过程中，将设计、奖项比较、科技创新、社会现代化四大类专业学科横向关联，进行纵向的深入研究，得出促使两大最重要国际设计奖项发展出不同评审体系的因素。同时，研究不同发展时期科技进步对于设计的影响以及设计奖项倡导的科技创新实现的可能性，着重研究优秀设计作品对于企业和设计师相生相助的关系，即理解企业始终伴随设计奖项而成长的现象，思考奖项如何对企业发挥积极作用。

《广告奖项与广告公司绩效标准》中指明："获得奖项就是获得行业上的认同，同时具有相当程度的社会认同与合法性。"Gemser 和 Wijnberg 在《工业设计奖项的经济意涵：一个概念框架》[①]中提到，"在早期的研究中，评价系统的概念是用来研究文化产业竞争过程的演变。评价系统指明被评审者的本质特征，被评审者为了获得认可而相互竞争，评审者的决定则将影响选拔过程的结果。评价系统提供了一个竞争过程的说明——获奖者区别于未获奖者的方式。研究设计奖项的利弊，可以反观设计对于社会的发展"。

（二）实际应用价值的创新性贡献

研究设计奖项，可通过设计思维与产业、行业的结合以及其平台作用，促进设计与相关领域的整合，实现共融创新型社会的发展。英国经济学家弗里曼（Freeman）认为，工业的创新是指"第一次引进一个新产品或新工艺中所包含的技术、设计、生产、财政、管理和市场等诸多步骤"[②]。

"到 2020 年，中国已进入创新型国家行列。中国经济进入新常态后，创新驱动正在成为经济增长的第一推动力。但是，企业创新动力不足和科研体制僵化这些老问题，仍然束缚着中国生产力发展潜力的充分发挥。"中国经济学家徐洪才如此解读创新。现如何实现设计思维与产业、行业的结合，通过设计奖项这样公认的优秀平台，促进设计与相关领域的整合、共融创新，是本书的特色之处。

---

① ［澳］Gemser, G.、［荷］Wijnberg, Nachoem M.《工业设计奖项的经济意涵：一个概念框架》，《设计管理期刊》，2002 年第 2 期。
② C. Freeman, L. Soete, *The Economics of Industrial Innovation*, London and Washington, 1997.

如何实现设计作品成为与用户需求最贴近的市场化产品，是设计思维与产业、行业整合创新的趋势，设计奖项要义不容辞地承担起这一历史使命。这必然需要设计奖项的系统化运作以及产业规模的扩大和市场化程度的深入。获奖作品的市场化以及产业角色的增加，将是劳动密集型国家向创新型国家转变的重要思路。

物品—产品—商品—废品，这种可持续的连贯思考，能够形成有效的设计主导创新的体系。在全球化趋势深入、信息和科学技术突破性进步以及资源与环境约束加剧的时代背景下，设计将不可避免地成为知识经济下最具战略远景的利器。

（三）社会普及教育的创新性贡献

设计奖项的设置，能够让民众真正了解设计的价值和意义，更好地实施应对全球创新挑战的人才储备战略。本书最重要的创新性就在于发现了设计奖项在设计师的培养和民众审美普世教育方面的作用。

设计奖项具有社会教育意义，其设置是我们应对全球创新挑战实施的人才战略之一。在很多国内知名的设计奖、设计盛会中，目前我们看到的不是优秀获奖产品的光环，而是所谓的"业绩"；宣扬的是政府或主办者的业绩或商业成就，而不是对创新的普及教育。这种为了业绩而创新是对设计或创新本质的不尊重。可悲的是，不尊重它的，往往更多的是我们自己。因此，在推广设计奖项的过程中，我们可以让民众真正了解设计背后的价值和意义、了解"价钱"背后设计师的努力，这对民众设计思想的启蒙和教育意义日渐深远。

第五节　基本结构

绪论部分主要概述设计奖项研究的源起、背景、必要性。由于国际设计发展现状，国际设计奖项历经60年逐步完善，已经可以进行梳理反思了。基于欧洲和日本可借鉴的经验、模式，本书提出了研究方向和需要解决的问题，阐明了3个创新之处。

第一章为国际设计奖项的综述，从3个方面讨论设计奖项的理论框架：一是奖项的意涵，二是设计奖项存在的必要性与优势，三是20世纪中期主要设计因素对奖项设立的影响。

第二章逐步深入阐述设计奖项的产生及构成要素，包括两部分：设计发展趋势对设计奖项的影响以及设计奖项评奖机制与基本构成要素，作为阐述国际设计奖项的理论支撑。

第三章是比照研究，通过数据分析，研究 IF 奖、G-mark 奖、红星奖的评审流程、奖励机制、优秀作品，找出设计奖项成功发展的特性与方法，以及各奖项间的优势与不同，从历史、政治、文化、科技等多角度观察设计奖项在不同时期的发展变化。

第四、五、六章为本书重点章节，围绕设计奖项与企业、社会、创新三大主体的关系进行分析研究，得出设计奖项在创新型社会中具有的意义。第四章主要以大量案例来分析论证奖项中优秀作品与企业的相互促进，阐述在社会的创新和发展中设计与企业、科技之间密不可分的联系，而设计奖项恰恰成为承载这几方共同作用的平台。同时，论证设计奖项的延展与外围（如展览和民众普及教育）也是设计奖项在社会创新中的重要角色。第五章主要研究设计奖项与社会的关联。无论是国家经济发展还是国家设计人才的储备培养、大众设计审美力的提升，设计奖项都对社会的经济发展和文化价值推动起到举足轻重的作用。第六章着重以科技进步与创新设计为主要讨论内容，研究设计奖项在创新型社会实践中的推动作用。以社会现代化进程为时间维度，提取不同科技发展节点，找到优秀设计在新文明发展过程中的新内涵。

最后，在结论部分力图分析出设计奖项现阶段发展存在的问题，并试图进行反思与建议，希望能够通过分析这些设计奖项的成长历程，冷静地思考今日喧嚣的此起彼伏，透过现象看到本质。关于价值的判断、专业的引导、创新型社会中扮演的角色和具有的意义、作用与责任，是知识经济时代设计奖项承担的多重任务，也是其能量可以发挥的地方，更是本书论述的主要任务。图 2 是本书的基本框架。

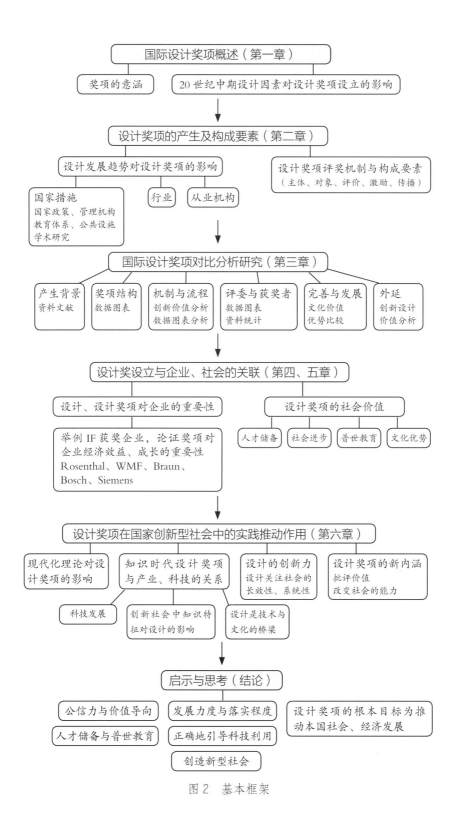

图 2　基本框架

第一章　国际设计奖项概述

　　过去几十年，设计对时代变迁的影响是巨大的，因为用户和消费者对设计已经更了解，并愿意为设计好的产品付出更多努力。设计奖项的产生，也促使生产者更加关注消费者。设计奖项可以吸引公众关注新设计，从而为它们创造足够广泛的认同基础。即使是高科技产品，也能具有美丽的外观、易于使用和生态健康的特点。这种产品理念被普及得越多，设计出的产品就越具有经济价值。

　　在世界上的所有市场竞争中，创业公司和模仿者的理论已经被商业实践不断证明：竞争本身会迅速超越每一个竞争优势。市场上产品的质量、技术和功能等特征变得标准化，而价格趋于一致。只有设计作为一种差异化的形式能够将市场经济的竞争明朗化，因为设计本身就是一个成功的因素，并被越来越多地融入公司的产品和销售战略。事实上，好的设计可以智慧地将功能、质量、创造力、成本效益、耐用性和美学联系在一起。因此，设计能够保持企业产品的竞争力。商人和政治家越来越认识到设计对个体企业和整个经济的重要作用。设计师也在一定程度上受到公众的关注，成为有影响力的文化传播者。事实上，明星设计师应被关注更多的是他们的创意工作而不是营销，因为他们的设计更具有吸引力。

　　设计奖项的出现，是对设计专业领域发展的认可，也是行业发展的推动力量。综观国际历史上的各种设计奖项，比较成熟、成功的都在社会创新发展中起到积极的作用。如德国的 IF 奖，非常具有公信力，是所有个体设计师、设计组织或公司梦寐以求的荣誉。这些有分量的设计奖项更为客户提供衡量价值的附加值。设计奖项的首要责任是创造服务于市场的解决方案，要不断提高生活质量。在为公司和用户带来最基本需求的满足后，引领和提高社会价值的新维度是设计奖项的本质，更是设计奖项在创新型社会中存在的主要意义。因此，获奖者能在获得奖项和赢得市场优势的同时，不断探究其对于社会创新的意义，是设计奖项组织者最希望、最想看到的。

第一节　奖项的意涵

"奖项"（award）在《牛津高阶英汉双解词典》中的定义为："经过仲裁后的一种评判结果（A judicial decision, esp. after arbitration）。"[1]可以看到，"奖项是为某人做了某事而给予奖赏如金钱等，奖赏是颁发给在竞赛中赢得竞赛者或是在工作上表现优异者的奖项和奖赏"。由于奖项内容来自不同的种类和形式，所以确切定义奖项时很难得到一个令人满意的、能够符合各方面要求的完整概念。但通过上述词典里的解释，我们仍可了解奖项的基本界定。

Gemser 和 Wijnberg 在《工业设计奖项的经济意涵：一个概念框架》中提到奖项的形成至少要包含三项条件："第一，设立奖项的角色，安排制度颁发奖项，并提供实质的奖励，不论是金钱或者其他的好处，例如一个奖杯。第二，是判定获奖者的角色，也就是评委会的成员，有时是任命评委会的成员或提出获奖候选人的评委会成员。第三，是获奖者，奖项可以颁发给行为者本身，或者他们所产生的事物。所有这三种角色，可以是个人、机构或团体。"[2]奖项可以被看作行业的专业成就，其主要功能是认定和表彰在这一领域的最佳执行者。它不仅可以确定人、团体或企业的职业表现，而且可以区分最佳与其他，成为主导行业的选拔制度。奖项的价值体现在以下方面：（1）专业性领导地位的象征；（2）确认专业领域内的优秀者；（3）确立行业评估标准；（4）增强社会公信力与认同感。因此，奖项本身就具有很重要的价值，如奖金、特殊权利、声誉以及对获奖者精神上的鼓励。获得奖项还可作为获奖者取得竞争优势并成为阻止竞争者模仿的信号。对于不同的竞争环境，获奖意味着竞争的优势。获奖者将被归类为某个

---

[1]《牛津高阶英汉双解词典》，牛津：牛津大学出版社，1998 年，第 84 页。
[2]［澳］Gemser,G、［荷］Wijnberg, Nachoem M.：《工业设计奖项的经济意涵：一个概念框架》，《设计管理期刊》2002 年第 2 期。

特殊的群体，接受一定的奖励意味着该奖项能够区分优秀与其他。

标志着全球文明与进步的奖项有很多，如新闻传播界的普利策奖（The Pulitzer Prizes）、诺贝尔文学奖、表演奖（奥斯卡奖），诺贝尔化学奖、诺贝尔物理奖，广告奖（ADDY® Awards），建筑奖（普利茨克建筑奖），设计奖（G-Mark、IDEA、IF、Red Dot 等）。每个奖项都在特定的领域中起到积极的、专业的引领作用。

第二节　20世纪中期设计价值对设计奖项建立的影响

一、德意志制造联盟对设计奖项设立的影响

20世纪初，欧洲兴起关于设计的一系列运动，在不同层面对设计的发展产生相应的影响。然而，分析历史上英国的工艺美术运动和欧洲大陆的新艺术运动，发现它们都没有将设计与工业更好地结合起来。直到1907年德意志制造联盟的成立，才真正实现了工业设计理论与实践的结合，成为设计史上的一座里程碑。

这个联盟由欧洲的艺术家、设计专业的教育家、知名建筑师和企业家、政治家联合组成，每年在德国举行会议并成立地方组织。德意志制造联盟成立宣言第一次明确了他们的目标："通过艺术、工业与手工艺的合作，用教育、宣传及对有关问题采取联合行动的方式来提高工业劳动的地位。"联盟将设计与生产紧密地联系起来，是对工业化大生产前所未有的肯定。宣言还指出："美学标准的合理性与我们时代的整个文化精神密切相关，与我们追求和谐、社会公正以及工作与生活的统一密切相关。"1908年，联盟召开第一届年会，建筑师西奥多·费舍尔（Theoder Fischer）在会上明确表示要支持机械化。他说："在工具（指手工艺）与机械之间没有什么鸿沟。只有同时采用工具和机械，才能做出高水平的产品来，粗劣产品的出现，并非由于机械制造，而是因为机械使用者的不当与我们的无能。

批量生产与劳动分工并没有什么危险，只有工业没有具备产生优质产品的能力，只有我们忘记了自己是社会的公仆、自以为是地作为时代的支配者，这才是最为危险的。"

尽管在此之前工艺美术运动对联盟的成立有所启发，但制造联盟并未完全地接受它，并有意识地区分什么东西可以从英国借鉴，什么是本国发展所需要的。由于20世纪初期德国工业还处于比较初始的发展阶段，所以联盟的设计理念与方向没有受到太多传统观念和体制的束缚。在发展过程中，联盟在完成设计作品时尝试了许多新的设计方法。

德意志制造联盟时期的设计师在工业化生产初具规模的发展背景下进行了大量的设计尝试，品类涉及餐具、家居家具、城市公共交通工具等。这时期的设计在于适应技术的变化和生产的批量化，不再拘泥于形式的多变。设计师中最著名的是彼得·贝伦斯。他出生于汉堡，学习过绘画，后学习建筑。1907年，贝伦斯受聘任于德国通用电器公司，担任艺术顾问，在公司运作中充分发挥设计理念的重要作用，甚至通过一系列包括产品、平面、建筑各方面的设计完成系统性规划。他首创了统一完整的企业形象设计，开创了现代公司企业识别设计系统的先例。同时，他还作为工业设计师为通用电气公司设计了众多品类的工业产品。这些产品大都具备朴素而实用的多层次价值，充分地展示了产品的功能、工艺和材料在工业化背景下的完美结合。1922年，他在德意志制造联盟的刊物《造型》中写道："我们别无选择，只能使生活更为简朴、更为实际、更为组织化和使范围更加宽广，只有通过工业，我们才能实现自己的目标。"同时，他还写道："不要认为一位工程师会在购买一辆汽车时把它拆卸开来进行检查，事实上，即使是他也是根据外形来决定是否购买的，一辆汽车看上去应该像一件生日礼物。"这些都反映了他对产品在市场中产生效果的关注。

在德意志制造联盟蓬勃发展的时期，联盟十分重视设计行业与市场联合的宣传工作，举办展览，通过优秀的产品传播他们的设计价值。其最终目的是实现产品的功能化和实用化，尽量减少装饰，让所有产品是面向大众生活的。这些展览不仅在德国本土产生了广泛的影响，也带动了国际上同一时期工业设计的发展。欧洲其他国家积极加入并纷纷效仿。在制造联盟的宣传推广下，很多国家成立了类似的组织。20世纪初的德意志制造联盟对欧洲乃至世界范围的工业设计发展都起到了开创性的引领作用：奠定了跨行业合作的良好基础；确立了工业设计要面向大众的方向，以朴素的姿态服务于大众生活，适应社会技术发展；加强了行业间的分工与合作；是促进工业设计发展的重要力量，并为未来设计的良性发展奠定了基础。

二、现代主义与机械美学对设计奖项设立的影响

现代主义和机械美学是 20 世纪初期另一个对设计奖项设立产生重要影响的因素。现代主义基于对科技的认可和理性思考、判断，在为大众设计促进社会进步发展的方向上，充分发挥技术与科学、机械与设计的作用，具有技术层面的理解与支持价值。一战之后，现代主义具备了相对成熟和完善的发展条件。工业化大生产与科技进步已达到相对平衡的水平。同时，大众在审美上的追求不再以繁复奢华为高水准，现代建筑的逐步兴起为现代主义提供了良好的成长环境，各种设计思潮逐步汇聚成独特的现代主义，现代工业设计与现代主义的发展产生必然的联系。由于现代主义的本质是对机器、工业化生产的崇敬，所以现代设计在生产方式和产品的艺术性上具备这样的"机械化"的特征。在产品设计上，以往相对繁琐、主观的艺术性被更加科学、逻辑的理性取代，称为"机械化时代的美学"。这种理性更倾向于强调工业化生产背景下理性思考大于艺术家的感性冲动，以客观分析为设计基础，尽量简化设计中的个人主观意识，最终目的是提升产品的生产效率和市场的经济效益。

现代主义首先在德国兴起，逐渐扩展到法国、意大利、英国等国家。它反对传统的样式和装饰，主张发挥新材料、新技术和新功能在设计上的力量，通常以各种抽象的造型语言来表达这种理性。但由于早期的现代主义过分强调批量化大生产，较少与市场联系，忽略了消费者的多样性选择，使得其发展并不利于设计的大众化进步。现代主义认为设计是用来解决问题的，设计可以利用最新的科技不断提高大众生活的质量。这种结合新技术的新设计理念是现代主义的重要组成部分。

建筑界最早出现了一批现代主义的设计师。建筑师多数是工业设计师，设计过程中试图将工业产品与环境相协调，致使工业设计深受建筑设计的影响。机器美学试图在机器造型中将简洁、秩序、几何等形式与机器本身的理性和逻辑性相融合，产生出标准化的模式。1923 年，柯布西耶的《走向新建筑》中指出："这些机器产品有自己的经过试验而确立的标准，它们不受习惯势力和旧样式的束缚，且都建立在合理分析问题和解决问题的基础上，因而是经济有效的。"

三、美国经济大萧条时期工业设计对设计奖项设立的影响

工业设计职业是在 1920 年代出现的，一开始并没有受到重视。"工业设计"

（industrialdesign）诞生于1913年，是"工业艺术"（art in industry）的同义词。"1927年，人们开始使用'工业设计师'（industrial designer）一词。同时常与诸如'设计工程师'（design engineer）'产品设计师'（productdesigner）'创意和发明工程师'（creative and inventive engineer）'消费工程师'（consumption engineer）和'广告顾问'（advertising consultant）表述同一事物。"[①]在美国经济大萧条时期，人们逐渐意识到，通过改变产品外观，将其优化设计，可以给企业创造可观的经济效益。比如，1934年的《财富》（Fortune）中曾有这样的描述："设计师John Vassos的一个十字转门再设计不仅降低了成本，而且销售额增长了25%；而HaroldVan Doren为Toledo scale再设计则不但降低了商家的生产成本，而且使销售额增长了90%。"市场导向使美国的工业设计师理解形式主义时更具有弹性。所以，美国早期的工业设计师能够使得企业更加重视对设计的理解。

美国设计还具有民主化特点。"由于美国大革命建立了一种新型的民主政治，自由、民主、平等的观念深入人心，在这种民主政治中生长出来的设计理想是大众化的、平民化的，它把'让所有的人过上幸福生活'这一理想变得更为现实。"[②]民主政治毋庸置疑是美国设计遵循民主和平等观念的基础。"法国政治思想家托克维尔（CharlesAlexis de Tocqueville，1805—1859）早在19世纪中叶就已经意识到了民主制度对于设计的影响。他在考察美国的民主制度时，也留意观察了这个国家的艺术以实用为主，美居于其次。他们希望美的东西同时也要是实用的。"[③]托克维尔指出。贵族制度背景下，大多数手艺人通过呈现精妙繁复的艺术作品、少数手工艺产品服务少数有钱的顾客。但是在已经具备民主制度的国家里，手艺人往往只有通过"向大众廉价出售制品"，才能得到回报。"要想降低商品的成本，"托克维尔说，"只有两种办法：一是设法找出最好、最快和最妙的生产办法，二是大量生产品质基本上一样但价格较低的制品。他说，在民主国家，从业者的实力几乎全都用于这两个方面"[④]。美国这一时期的设计制度和企业发展充分证实了这一点。

美国工业设计的兴起很大程度上与1930年代的经济大萧条有关。美国的设计受到民主制度的影响，大量生产以实用为主的产品。"美国的工业设计在某种程度上是经济大萧条的产物，其产生、被产业界接受并最终成为一种制度，就是因为它能促进消费。"[⑤]为

① Richard Guy Wilson, *The Machine Age*, p. 85.
② Jeffrey L. Meikle, *Design in the USA*, New York: Oxford University Press, 2005, p.11.
③ ［法］托克维尔，董果良译：《论美国的民主》（下卷），商务印书馆1988年版，第567页。
④ ［法］托克维尔，董果良译：《论美国的民主》（下卷），商务印书馆1988年版，第569页。
⑤ Jeffery L. Meikle, *Design in the USA*, pp.131–133.

了刺激消费，设计以最大化提高销售促进市场盈利为准。但这样的设计目标使得日后的欧洲乃至日本都对其产生抵制情绪，他们不想盲从美国经济大萧条时期产生的以市场为导向的设计价值观。

四、"优良设计"观念复兴的设计因素对奖项设立的影响

二战结束后，随着美国成为西方社会繁荣和进步的典范，消费主义助长了样式设计。尤其是从 1947 年 7 月开始，美国正式启动"马歇尔计划"（又称"欧洲复兴计划"），通过金融、技术等形式对受到战争破坏的西欧各国进行经济援助，协助他们的战后重建。在这个过程中，设计充当着非常重要的角色。对当时的欧洲人来说，美国既是自由民主的化身，是西方世界的保护者，又是美国生活方式的推销者。尽管当时一些欧洲的左派知识分子很讨厌这种以广告、好莱坞和流行文化为表征的美国生活方式，但总的来说，在日常生活层面，美国的消费设计价值观在战后的欧洲和日本可谓所向披靡。[①]

欧洲在历史上残留了贵族这一阶层，追求高技艺的手工艺品一度是贵族的嗜好。所以，即便欧洲是民主制度的发源地，其贵族思想仍然在一定程度上阻碍了设计大众化的发展。19 世纪的工业革命虽然是要通过革命消灭资产阶级、建立无产阶级，但社会中涌现出的越来越多的矛盾不仅没有被解决反而不断加剧。哲学家卡尔·波兰尼说："19 世纪工业革命的核心就是关于生产工具的近乎神奇的改善，与之相伴的是普通民众灾难性的流离失所。"[②] 恩格斯在《论住宅问题》（1887）中指出："当一个古老的文明国家这样从工场手工业和小生产向大工业过渡，并且这个过渡还由于情况极其顺利而加速的时期，多半也就是'住宅缺乏'的时期。一方面，大批农村工人突然被吸引到发展为工业中心的大城市里来；另一方面，这些旧城市的布局已经不适合新的大工业的条件和与此相应的交通；街道在加宽，新的街道在开辟，铁路铺到市里。正当工人成群涌入城市的时候，工人住宅却在大批拆除。于是就突然出现了工人以及以工人为主顾的小商人和小手工业者的住宅缺乏现象。在一开始就作为工业中心而产生的城市中，这种住宅缺乏现象几乎不存在……相反，

① Jane Pavitt Design and the Democratic Ideal, in David Crowley and Jane Pavitt, *Cold War Modern: Design1945−1970*. London: V &A Museum, 2008, pp 74−78.
② ［美］卡尔·波兰尼，冯钢、刘阳译：《大转型：我们时代的政治与经济起源》，浙江人民出版社 2007 年版，第 29 页。

在伦敦、巴黎、柏林和维也纳这些城市，住宅缺乏现象曾以急性病的形式出现，却大部分像慢性病那样存在着。"①如何解决在有限的空间内将更多人口最大程度地合理容纳问题，是现代设计师通过设计给出的方法：设计出一种以工业化、标准化、新的预制构件为主的"平民住宅"，这样的设计方向才能够为普通人服务。

汉斯·迈耶，包豪斯的第二任校长，任职期间（1928—1930）强化设计与社会的关系，主动加强设计与工业之间的联系。包豪斯各工作室与企业合作，把服务大众作为设计以及设计师应该具备的基本原则。他认为，"设计应该服务于人民的需要，而不应该为奢侈服务。包豪斯的主要工作并不是改造资产阶级的设计文化，而是要为人民服务，人民大众的需要是一切设计行为的起点和目标"②。

1950年代德国、法国以及一些北欧国家（具有民主主义传统的瑞典），在文化上开始反对美国的"炫耀性消费"。③尽管如此，他们还是很难与美国的资本力量抗争。二战中移民到美国的莫霍里·纳吉在其生前最后的重要著作《运动中的视像》（Vision in Motion）中指出，美国设计是一种只在表皮上下功夫的样式设计，完全服务于商业竞争和销售，是商人的福地，却不是真正的、诚实的设计。他批评美国的设计无论是在目标还是方法上都是反现代的，认为应该在设计中寻求更为经久的价值。④

于是，很多欧洲设计师纷纷提出质疑："设计师们是不是应该屈就那些没有受过训练的暴发户的眼睛？"⑤

20世纪中期，欧洲对消费设计的不满首先来自优良设计（good design）观念的复兴。严格来说，优良设计这个概念是马克斯·比尔（Mix Bill）于1949年在瑞士工业同盟（Schweizerischer Werkbund）做的观光展览中提出来的，德语是"Gute Form"，意大利语是"Bel Design"，英语是"good design"。许多设计师强调自然的材料、诚实的装饰、精湛的工艺和朴素的品质要相结合。"这种观念后来在现代主义时期，尤其是在德国发展成了一种将理性、简洁的现代艺术形式与自然的材料以及精工制造工艺相

① 中共中央马列著作编译局 编．《马克思恩格斯选集》（第二卷），人民出版社1972年版，第459—460页。
② ［法］勒·柯布希耶，陈志华译：《走向新建筑》，陕西师范大学出版社2004年版，第235、116、1—21、95、235、235页。
③ "炫耀性的消费"指富裕阶层通过对物品的消费超出实用和生存必需，向他人炫耀和展示自己的金钱财力和社会地位，及相关的荣耀、声望和名誉。相关研究参见 Thorsten Veblen，*The Leisure Class*，Mineola, n.y.: Dover Publications, 1994.
④ Marcia M. O Sampaio Rosefelt, *The Desig Dilemma: A Study of the New Morality of Industrial Design in Western Societies*, pp. 84-92.
⑤ James Pilditch, *Talk about Design*, London: Barrie &Jenkins Ltd, 1976, P. 31.

结合的产品设计美学，其核心理念是理性的功能主义、适当地使用材料、去除没有功能意义的所有细节和装饰、用功能化的形式和可靠的工艺服务于大众。"①

　　尽管对于优良设计的确切概念，不同的设计师、设计批评家和理论家给出的观点不大一样，但其美学特点是强调纯粹的形式而非装饰，使用色彩和材料要节制并适当。在二战结束后，这个概念迅速被北大西洋两岸的许多设计界精英认可。比如，纽约现代艺术博物馆负责建筑和工业设计部的埃德加·考夫曼（EdgarKaufmann），他在1950—1955年间就举办了一系列的展览，推广欧洲的现代设计美学，其中的一个核心理念就是"优良设计"。②

　　事实上，在1950年代，优良设计这个词几乎到处都在提，并从大西洋两岸传播到日本（日本在1957年创建了G-mark，意为"good design"，与"优良设计"同义）。许多优良设计的理论家公开蔑视早先设计的亲美的商业路线，他们宣称优良设计具有许多普遍有效的品质，它可以被不偏颇的美学评判所认可，把形式和功能很好地结合起来，以揭示一种实践而又感性的美。③英国设计师赫伯特·施本瑟就这样说过："在过去的10至15年间，设计实践发生了翻天覆地的变化。关于优良设计的重要性，以及它对愈发激烈的国际贸易竞争所产生的影响，公众的认识急剧增长。"④

　　在乌尔姆与博朗公司（Braun）合作的诸多产品中，优良设计精神体现得十分明显。而且，乌尔姆为博朗公司设计的家用电器在德国市场上卖得非常成功。这说明，德国人对于乌尔姆坚持的饱含道德感的朴素、严谨的美学品味是非常认可的。美国注重消费的波普设计在1960年代前后的德国可以说基本上没什么市场。朴素的"优良设计"概念是几年后成立的IF设计奖的价值核心，更成为日本"优良设计"奖项的名字。这个设计价值核心成为日后所有设计奖项设立的基础与前提，奠定了设计奖项与设计的基本价值观。

① "20世纪西方设计伦理思想研究——以维克多·帕帕奈克的设计思想为中心"，周博。
② 关于"优良设计"的一般性解释，参见 Jonathan Woodham, *A Dictionary of Modern Design*, Oxford: Oxford University Press, 2004, P. 177; Michael Erlhoff, Tim Marshall, Design Dictionary, pp.196-198.
③ Kathryn B Hiesinger, George H. Marcus, *Landmarks of Twentieth-century Design*, New York: Oxford University Press, 2002, p. 176-177.
④ Herbert Spencer, "The Responsibilities of the Design Profession", first published in *The Penrose Annual* 57, London: 1964, in Looking Closer 3: Classic Writings on Graphic Design, New York: Allworth Press, 199, p. 156.

第二章　设计奖项的产生及构成要素

　　最早的设计奖项产生在德国，由前一章介绍的背景与设计发展等综合因素共同作用所致。20 世纪中期，德国的政府、产业界极力推崇"优良设计"的概念，德国设计协会自1954 年也积极地向市场、公司、大众推荐"优良设计"的概念。在当时的联邦德国，提倡"优良设计"这一概念在设计界来看，是在坚持现代主义设计的品位和传统，事实上还可以理解出更深一层的经济原因。"优良设计"观念的提出，让德国建立起更加标准、有效率的产业和设计标准，摒弃掉艺术家主观的、感性的审美和标准。"这样，产业界和设计界都有评判标准，消费者认可，而且德国的设计也能够在全世界的消费市场上树立一种统一的形象，从而促进德国的外贸和产业发展。"[1]

　　二战后的德国产品在产业界、设计界的共同作用下，最终形成具有自身产品特色的设计品位，代表着优质的"德国风格"。简言之，外观简洁得体，性能优良，给人以可靠感，色调呈灰色、黑色或白色，技术细节得到极致的发挥和呈现……大致可以将德国设计产品具备的优秀特征概括出来。因此，有的学者将优良设计"看作德国战后用严格客观的标准取代主观标准从而服务于德国产品赢得全球竞争的一场设计运动，的确不无道理"[2]。

　　有些经济学家认为，1945—1970 年是人类经济史上的黄金岁月，也是设计奖项诞生与快速发展的时期。由此，设计奖项的发展与全球经济因素密不可分。那个时间段是全球经济增长最快的时期。世界人均 GDP 年均增长率高达 2.9%，比上一阶段快了 2 倍。这与同时期内经济制度的健全、国际贸易的兴旺、第三次产业革命有着密切的关系。与此同时，战后经济需要快速恢复，以经济发展为重心，以分工、效率为准则，需要实现生产最大化，都是设计奖项产生的经济背景。

　　"设计奖项是针对设计相关评奖与竞赛所颁发的奖赏。《广告奖项与广告公司绩效标准》认为设计奖项普遍的评审标准就是创意，呈现为革新目前的解决方式，并加上精致与

---

① ［德］埃尔霍夫（Michael Erlhoff），胡佑宗等译，《中流独行》，载赫伯·林丁格编《包豪斯的继承与批判——乌尔姆造型学院》，第 84 页。

② Michael Erlhoff, Tim Marshall, Design Dictionany, Basel: Birkhauser, 2008, pp 196-198.

优雅的考虑。"[①]简淑如认为，"参加国际设计比赛与他人竞争，是对企业本身设计能力的考验，获奖是一种肯定，也是说服客户与市场认同的客观佐证"[②]。设计奖项作为将产品设计最真实传播出去的途径，已经成为世界设计行业的重要组成部分。

以往有过关于社会学和历史学对文化奖项与奖金的研究，甚至一些研究是针对特别奖项的经济价值的。[③]Gemser 和 Wijnberg 在 2002 年的研究中得出如下论点：

论点 1：获得工业设计奖与企业经营绩效（公司表现）之间有正向的关系。

论点 2：获得工业设计奖与企业经营绩效之间的关系由相关产品的本质所决定。消费前的产品品质评估越难（易），对于企业经营业绩正面的影响则越强（弱）。

论点 3：获得工业设计奖与企业经营绩效之间的关系由相关竞赛的声誉所影响。相关工业设计奖的声誉越强（弱），对于企业经营业绩正面的影响则越强（弱）。

论点 4：工业设计奖的声誉是如下因素共同作用的结果。其一，对应支配奖项系统的甄选系统与支配所涉及产业的甄选系统；其二，奖项其他的体制特性，如奖项参评年龄和奖金价值，以及该奖项参赛的标准与授奖频率。

文献还显示，Gemser 与 Wijnberg 阐释了奖项的效益，显示设计奖项与公司绩效间存在积极的关系，并有一些实证研究提供了设计奖项具有经济价值的初步证据。例如，英国设计创新组（Design Innovation Group）审查过设计奖项与公司业绩的正相关关系呈现到什么程度，将赢得设计奖项的公司与在同一行业竞争里随机选择的典型企业进行业绩比较，发现有奖项证书的公司在多个业绩指标表现上明显优于随机选取的典型企业。"获得设计奖项的产品在商业上无论是短期还是长期的表现，相较于一般产品更为成功。"[④]

设立奖项的目标是为鼓励最好的企业或产业得到相当普遍的认可。被授予奖项，不仅保证得奖者获得了认可和赞誉，更可以凸显新的趋势，促进整个产业创新。最好的产品和解决方案之所以得奖，是因为它们跟得上技术发展以及文化与社会的变化，甚至超越时代。设计奖本身就是品牌，其服务与传播对品牌的建立更为重要。奖项本身的无形价值能够得到消费者的认同，在产业、专业、地域与资源全面系统的框架上，透过国际媒体不断强

① ［美］Helgesen, Thorolf，《广告奖项与广告公司绩效标准》，《广告研究期刊》1994 年第 8 期，第 43—53 页。
② 简淑如：《BenQ 访谈》，《设计双月刊》2005 年第 122 期，第 23 页。
③ Dodds and Holbrook, 1988, On the Value of Oscar Nominations and Awards ; Rajun and Tamimi, 1999 and Ramasesh, 1998, On the Economic Value of the Malcolm Baldrige National Quality Award; and Goodrich, 1994, Roerdinkholder, 1995; and Walsh, et al., 1992, on Design Awards.
④ ［澳］Gemser,G 、［荷］Wijnberg, NachoemM.,《工业设计奖项的经济意涵：一个概念框架》，《设计管理期刊》2002 年第 2 期。

化其认知价值。奖项具有崇高与独特的地位，其品质认证不可取代。设计能够根植于企业，是因为它与企业利益息息相关，且愈发重要。设计师为企业带来利润已经不容置疑，国际上，工业设计师为企业服务、增加利润也得到广泛认同。美国工业设计师亨利·德里夫斯说过："最重要的一点是确切无疑的……即雇用工业设计师主要是为了一个简单的原因，增加企业客户的利润。"[1]哈罗德·凡·多伦也表示："工业设计师的工作就是为制造业开发产品，使之比先前的产品更好地为人们服务，并在消费者那里创造占有欲。当然，其最终目标就是销售，且有利可图。"[2]设计奖项给企业、设计师带来的无形的认同和推广，是其具有的更为深远的价值。

第一节　设计发展趋势对设计奖项的影响

人们对事物的研究和探索，本质上是寻找客观规律，总结规律，从中得出发展方向的参照和标准。趋势是众多规律中的一种。趋势研究的重点在于观察事物各组成要素的变化方向。当多个要素的变化方向依据某种作用力趋于一致时，整个事物的发展就会呈现出某种趋势。表现在显性层面，即当多个要素环节陆续产生相同或相似性的事件时，整个事物的发展就呈现某种趋势性的内容。另外，事物特有的趋势性受到社会普遍存在的趋势左右。社会进步的本质动力在于需求的发展和演进。人类的需求存在一定的逻辑顺序，表现出总是不断从低层次的需求到高层次的需求、从单一化的需求到多元化的需求的普遍趋势。

因此，对于世界工业设计发展趋势的分析，各经济发达地区陆续出现的相似性现象及行为便具有重要的参照价值，深层次反映出该地区人群（普遍受教育程度和自我实现程度较高）思维方式的变化。中国工业设计协会2009年版《国内外工业设计发展趋势研究》报告显示，在国际

---

[1] Henry Dreyfuss, "The Industrial Designer and the Businessman", *Harard Business Review*, November 1950. 转引自 Nigel Whitely, *Design for Society*, p.17.

[2] Harold van Doren, *Industrial Design*, Introduction: vii

设计发展方向上，可以从政策和行业两大方面理解设计的发展趋势对设计奖项的影响。

一、国家政策层面对设计奖项的影响

世界上很多发达国家制订了国家设计振兴政策，有国家级执行委员会制订设计的目标，与国家产业政策相结合，共同发展、振兴国家经济，并将设计切实融入国家战略问题的解决中去。比如英国、荷兰、丹麦、日本、韩国、新加坡、澳大利亚等国家，设计了定期的发展目标与政策措施，有计划地执行设计在社会发展中的多样性角色。

（一）制定国家级设计振兴政策

20世纪初期，制订国家设计振兴政策并纳入国家发展战略的国家有英国、荷兰、丹麦、日本、韩国、新加坡、澳大利亚等。它们均通过国家级设计机构与国家创新发展机构共同制订本国的长期发展计划。执行机构设定为国家级设计中心，制订一系列的政策目标与政策措施。每个国家的目标与措施不尽相同，但共同特点为：旨在推动本国社会发展和经济繁荣，建立国家的文化和品质品牌，振兴本国的设计力量和创新能力，改进设计教育的机制和模式，培养社会大众的设计素质，提升其内在审美价值。

（二）设计政府管理机构的设立

上述建立国家设计振兴政策的国家，同时期还成立了设计的国家级管理机构，以协调统筹设计政策的实施与发展，如英国成立了设计委员会、日本的工业促进中心（JIDPO）、韩国的设计振兴院（KIDP）。这些管理机构主要有如下几项功能：首先，建立与政府之间的连接，参与制订、提供设计政策，加强与政府间各部门的合作。其次，促进产业间的合作，形成设计产业体系，推动国家知识经济产业增长。最后通过设计政府管理机构，举办交流、展览、教育培训等活动，不仅扶植和储备本国的年轻设计力量，更可提升大众的设计素质和意识。

（三）设计公共设施的建设

从20世纪初至今，很多发达国家的设计基础设施建设逐渐成熟。通过开设展览、交流活动，或者实体商店，将设计直接融入大众的生活。譬如，伦敦在1989年就诞生了世界上第一座设计博物馆。该博物馆通过展览宣传英国的设计发展史，通过实实在在的产品和案例将国民的设计创造力激发出来。在观看优秀的设计作品时，民众能够接受设计创新的教育，让创新的理念潜移默化地影响青少年。博物馆还售卖获奖的设计作品，通过提高大众的消费品位,在消费中注入文化的力量,希望通过设计创新引领消费,树立国家的形象。

（四）设计教育体系的完善

对比欧洲和美国的设计教育可以看到，欧洲的设计教育比较侧重解决问题，注重观念突破和社会问题的解决，有相对独立的设计价值体现和追求；美国的设计教育由于受到国家经济和历史背景的影响，更侧重市场效益，强调设计的风格、外在的形式，以促进消费为设计目标。在设计教育体系中，欧洲和美国对于学科的边缘都有模糊化的趋势，在深化、细化专业的同时，横向上其他专业学科结合，搭建出设计教育系统中更加完整的教育模式。

（五）设计产业的学术研究

目前，很多国家在设计政策和机构建设上已经比较成熟，这除了可以发挥对经济的推动作用外，另一重要的功用就是对于设计产业的学术型研究，建立设计相关产业数据，为国家、企业提供有价值的设计资料，基于分析全面的统计数据，提高企业、国家设计竞争力。例如，英国 2007 年依托设计委员会建立了"Design Fact Finder"数据库，将英国 1500多家企业的设计数据进行整理分析，积累了设计发展的重要数据，不仅具有实际经济效益，更具有学术研究意义。

二、行业发展趋势对设计奖项的影响

设计行业发展对于设计奖项的产生和不断发展起到积极的影响作用。设计行业的发展趋势与设计奖项的发展方向大体一致，是设计奖项确立和发展的主推力量。归纳 20 世纪中期至 21 世纪初期设计行业的发展变化，大致总结出以下几点发展趋势：全球化资源配置；可持续的设计理念；体验为主导的设计目标；系统化的整合集成设计。

全球化、网络化资源的配置，使设计必然发展为全球化行为。互联网技术，也将更多的设计在互联网上完成，设计服务通过全球网络服务于各地区成为可能。可持续发展的价值取向成为设计日渐关注的内在需求，资源、生态等层面受到更多的关注，解决问题时更加全面地考虑到绿色、环保等可持续性发展方向。由于社会消费结构的变化，设计更加注重人性化的特点，照顾消费者的体验感受，更强调设计服务的全过程系统性、整体化，而逐步转为非物质的、数字的、精神性的价值体现。

三、从业机构发展趋势对设计奖项的影响

根据当前社会的职业形态，研究设计者从业机构的发展趋势，也可初步判断其生产的设计作品和提供的设计服务给社会带来的经济和文化效益。设计机构的发展通常隶属于产业的综合演进。

一般来讲，设计机构分为企业内部与独立设计机构两部分。设计从业机构能够提供的价值，在于强化企业设计与技术结合的过程，这对于整个国民经济的优化与引导意义是十分明显的。鉴于此，相当数量的发达与发展中国家在21世纪初已着手制订国家性设计战略。政策的集中颁布，意味着政府层面试图通过战略性资源规划，寻求国家设计产业的稳定发展。设计产业被纳入国家发展战略对于设计机构的影响是多元且深远的，主要表现在机构数量的急剧增长和规模的迅速扩大。

"当前的全球社会经济形态是由'必需品经济'向'用品经济''商品经济'和'服务及体验品经济'演变的基本过程。无论企业内部设计部门或是独立的设计机构，其设计对象由此势必逐渐由'物品'转向'内容'与'体验'等软性层面，从而强化对企业技术资源的文化引导性，形成更具市场竞争力的产品。"[1]大多数企业内部的设计部门定义产品的通常仍是企业的领导者或市场人员。产品发展到一定程度后，企业需要从概念产品预研中建立行业优势或造成相对优势来吸引消费设计部门开始逐步成为企业发展的核心驱动力之一，在研发阶段参与设计产品架构，以保证企业不断发展。企业内部的设计部门会趋于研究性，不断完成创新与深化，也可能趋向整合社会设计力量，与企业外部的独立设计部门联合，服务企业不同时期的战略部署。

一些独立的设计机构会由于参与多家企业设计业务，成长为设计管理指导机构，在某一产业、某一领域逐渐形成相对完善的咨询服务设计机构。设计咨询内容主要包括企业宏观设计战略以及具体产品设计思路，该形态的核心竞争力在于提供创新设计思维指导下的创新概念、流程与方法，用以优化企业的产品及品牌体系，集中在认知与方法层面。

总之，从业形态上的几种发展趋势，是由复杂市场利益与社会经济语境下综合因素构成的。这些趋势不断地寻求自身的发展与完善，在参与社会工业化的过程中，成为社会文明发展与进步的重要因素。

① 李昂：《解析工业设计从业机构的发展趋势》，《装饰》2012年第10期。

第二节 设计奖项评奖机制与基本构成要素

一、设计奖项的评奖机制

"机制",在《现代汉语词典》中是这样解释的:"泛指一个系统中,各元素之间的相互作用的过程和功能。在社会科学中,可以理解为机构和制度。"[①] "机制",相对完整的解释是英国文化批评家雷蒙德·威廉姆斯(Raymond Willemse)在《关键词——文化与社会的词汇》中下的定义:词语为"institution";含义有三:"制度、机制和机构。当 Institution 作为机制来讲时,它是一个表示行动或者过程的名词。"[②] 社会学中的内涵为:"在正视事物各个部分的存在的前提下,协调各个部分之间关系以更好地发挥作用的具体运行方式。机制的构建是一项复杂的系统工程,不同层次必须互相补充,这样系统化整合才能发挥作用。"

设计奖项的评奖机制,是评奖系统内部各要素之间关联与作用共同运行的方式。其内部本质应由组织、管理、激励机制构成,促进知识与技术的积累和创新,从而拉动社会的进步与发展。设计奖项的评奖机制主要包括评审和奖励两大内容。奖励机制即奖项本身,主要包括奖项的设置、分级、对象;评审机制则是一套保证奖项公平的制度。评审机制和奖励机制构成评奖机制的两个部分。奖励机制保障的是评奖的结果,评审机制保障的是过程,一个完整的评奖机制要靠两者有效运行,缺一不可。

二、设计奖项机制的基本构成要素

Gemser 和 Wijnberg 在《工业设计奖项的经济意涵:

---

① 《现代汉语词典》,商务印书馆 2002 年版。
② [英]Raymond.Willemse:《关键词——文化与社会的词汇》,生活·读书·新知三联书店出版社 2005 年版,第 85 页。

一个概念框架》中指出："在早期的研究中，评价系统的概念是用来研究文化产业竞争过程的演变的。评价系统指明被评审者的本质特征，被评审者为了获得认可而相互竞争，评审者的决定则将影响选拔过程的结果。评价系统提供了一个竞争过程的说明——获奖者区别于未获奖者的方式。"[①]设计奖项机制的基本构成要素大体分为主体、对象、评价、激励与传播五大内容。

在奖项的评审过程中，主体要素是指设计评奖的组织者和组织机构，包括政府部门、行业协会、企业、公司或个人等。根据组织者性质的不同，比赛的奖项性质也不同。例如，国际行业设计协会可以组织国际性质奖项评比，地区政府组织者通常举办区域性质的奖项评比，协会或专业院校性质组织者组织的比赛往往侧重行业内部与专业方向创新成果的研究。主体不同，引导奖项的价值方向有所不同，但带来的社会效益和经济效益是可以相互关联与促进的。

奖项的第二大构成要素是评奖的对象要素，通常分为人、产品与机构三大类。相对应的获奖对象是优秀的专业人才、优秀的产品与优秀的团队。对象的杰出与代表性是对领域内优秀成果的长期积累或是创新与突破的肯定。无论产品、人或机构，在评选过程中具有某一方面的优势就可以获奖，或是具有长期的经典性、不朽性的贡献。很多时候，奖项是颁给将某一件（套）产品做得出色的设计师的，也会奖励长期以来在设计专业上不断为社会创造价值而不懈努力的设计师。国际上设计奖项颁发的一般是单一成果奖，或积累成果奖。奖励可以颁给某一件特定的、优秀的、有创新性的产品，也可以颁给在社会上经久不衰地被人们使用或在几十年长期销售中得到良好业绩的经典设计作品，典型例子为日本G-mark奖中的长青奖。

评价要素是奖项机制建设中比较重要的部分。一系列的评价标准形成一套评价体系，体系在自身发展进程中也在根据时代不断调整对应的标准。不同的标准可以形成不同的评价体系。Gemser和Wijnberg在《工业设计奖项的经济意涵：一个概念框架》指出，"在早期的研究中，评价系统的概念是用来研究文化产业竞争过程的演变。评价系统指明被评审者的本质特征，被评审者为了获得认可而相互竞争，评审者的决定则将影响选拔过程的结果。评价系统提供了一个竞争过程的说明——获奖者区别于未获奖者的方式"[①]。评价体系是价值体系的组成部分，是文化与社会、经济与科技、设计与生活的综合评判标准。

① ［澳］Gemser,G、［荷］Wijnberg, Nachoem M.：《工业设计奖项的经济意涵：一个概念框架》，《设计管理期刊》2002 年第 2 期，第 61—71 页。

设计奖项的地位、声誉，是社会精神的价值导向、是自身能否健康发展的重要因素。

激励实为满意因素，奖励是在物质和精神层面的激励。著名的马斯洛五大需求层次理论对激励给出了合理的解释。激励要素在设计奖项中的作用常常是参与者的直接动力。精神激励包括奖杯、名誉，物质激励则是奖金。物质激励与精神激励是一个整体。这种激励中，精神激励通常为更主要的目的。激励要素要在正确、健康价值观的引导下，明确激励目标，合理激励。激励要素可以让参与设计奖项的对象有效地发挥出创造力与创作热情，同时刺激、促进其他参与对象的潜能与效力。

设计奖项的最后一个要素就是传播要素。现今，传播要素对于奖项的建立、专业标准的引领、大众设计审美和生活方式的改变等，都能起到积极的、重要的作用。传播与交流还可以延展为多种途径的培训与教育，在人才储备和设计知识普及方面发挥着特别重要的作用。通过各种媒体，多渠道（新闻媒体、印刷书籍、活动展览、教育培训与论坛等）地对某一特定奖项给予全方位表现，能够更好地体现奖项设置的宗旨。传播要素是优秀设计的推广、普及的关键，可以促进经济效益的提升，提高人们的审美与价值评判等能力。它是奖项机制要素本身的构成部分，也是奖项的延伸，更是大众参与的重要手段。

第三章　国际设计奖项对比分析研究

　　自 20 世纪以来，人们一直尚未对"设计"这个概念形成明确、统一的定义。设计概念比较复杂，在时代变化中不断融入新的内涵。以设计为职业的设计师，则根据自身对设计的理解，努力地创造设计在产业与社会中的价值。设计运动发展中，关于设计价值的思考早就不仅仅存在于外在的装饰与技艺，更深刻的是设计的大众化、社会文明价值趋向的问题。现代设计不是单一维度的功能作用，设计奖项也不仅仅是行业优秀者判定的单一维度，更多、更深刻的是优秀的设计作品提升社会文明价值的维度。设计奖项总是和社会多层次的价值问题息息相关的。英国学者尼格尔·惠特利指出："对于设计而言，有两个我们现在习以为常的东西是在二十世纪五、六十年代开始被重视起来的：其一，设计是一种社会语言；其二，设计表达生活方式。"①

　　1945 年后，设计表现出代表国家和将本国所认同的价值投射到整个世界中的愿望。战后的德、意、日都将现代设计作为打造自己战后新身份认同的主要手段。同时期的英、美、瑞典，也很重视设计，认为它是使本国进入国际市场和促使大批本国民众消费获得现代性的关键手段。不只是国家迫切需要运用视觉和视觉形态的设计语言来建立认同，跨国公司也看到了设计的潜力。德国通用电气公司（AEG）、美国可口可乐和 IBM 等大公司也意识到设计对于公司的力量和无形价值。欧洲北部的斯堪的纳维亚地区也在 20 世纪中期将社会发展的民主与为大众服务的设计紧密相连，创造出现代价值与传统工艺共同发展的趋势。北欧地区的设计素有依靠人类之手将自然物质改造成正直和民主的物品这样的理念。在现代化发展进程中，这一地区的设计也在逐步适应大众媒体、大众消费和先进技术。北欧设计能够传达出一种清晰的信息：大众的认同与社会价值最大化基础之上的传统价值和现代形象相结合的可能性。

　　当代设计奖项的设立，是错综复杂的社会背景与科技发展共同作用的结果。世界上最早的设计奖项设立在二战后的德国，既是工业革命的结果，也是当时社会发展的需求，同

---

1. Nigel Whiteley, Design for Societ, p. 17.

时与欧洲和美国在价值判断与发展方向上的差异密切相关。"因为在战后重建的历史氛围中，美国的生活方式作为'典范'被放大，但其消极的方面却没有得到设计界足够的重视"。国际级设计类大奖（如1953年诞生的德国IF设计奖、1955年德国的红点（Red Dot）奖、1957年日本的G-mark奖）基本诞生在20世纪50年代，缘于此时数字网络、电子技术、分子生物学等科学技术的突飞猛进，可以说是人类进程史上的第三次技术革命带来了大众需求和设计思维方式的变化。这些奖项几乎在同一时期诞生，经过几十年的发展，都成为全球公信力很高的设计奖项。这些奖项还有一个显著的共同之处，都诞生在工业发达的地方，都对经济发展和社会进步起到积极的作用，对于社会价值的引领和判断也有着重要意义。此时各发达国家也意图通过设计奖项来证明设计对工业社会的重要性，认为优秀的设计可以推动本国制造业的发展，更能提升本国的国际形象。

第一节 国际设计奖项综述

在现今的设计业界，无论国内外，各类设计奖项纷杂得令人眼花缭乱。但是，好的设计和设计奖项永远不是独立于时代而存在的，而是与时代的发展、社会的进步紧密地交织在一起的。一部分设计大奖在社会工业文明进程中推动了学术与技术、商业、产业的共同发展，起到重要的桥梁衔接、媒体平台作用。IF设计大奖、红点奖、G-mark优良设计奖等从设置发展至今有近60年历史。在社会工业化进程加速、经济高速发展、文明程度不断提高的社会，我们需要一个更广阔的视野来看待设计类奖项带来的学术创新以及社会创造力与产业结合相互作用的关系，并找到更加积极的联系和平衡点。由于设计的边界日渐趋于模糊化、社会化、民主化、多媒体化，所以设计与技术、制造、商业等因素在推进社会产业创新中的作用也日益强大且多元。它们相互作用、相互促进、相互推动，形成一个开放的、多元的设计生态系统。设计奖项的建立与评审，可以直接作用于产品的生产与价值体现。同时，奖项的评审体系又会反映出当下社会经济价值和精神价值的高标准、高要求。

德国 IF 设计奖项的诞生是战后德国大力发展本国经济的产物。随着时间的推移，德国在欧盟的经济地位变得十分重要，希望本土的产品销售到世界各地，创立国家品牌。日本优良设计奖项的发展也逐步将其推上亚洲经济强国的位置。中国作为发展中国家也需要有自己的设计奖项，如 21 世纪初诞生的红星奖。只有分析梳理这些国际奖项的历史发展脉络，了解不同奖项的侧重趋势，深入了解其与当地经济、文明发展密不可分的关系，才能更好地对设计奖项进行价值判断，合理、正确地认识获奖作品在社会中承担的责任与创造的价值。好的设计有迹可循并有利可图，不仅有"利"，更有"益"。设计不仅是一门学科，更是系统化的思考过程，在创新、体验、美学、技术、有效的共同协作下完成，也是市场资源，是消费、使用、企业、市场共同参与的结果，是社会不同层面与力量的总和。设计奖项不仅仅是学术交流，确定优秀的标准，更是国际化视野下民生的献策者与社会价值的推进者，是未来生活方式的引领者。

这些奖项使人们逐渐意识到社会对设计有越来越多的期待。设计师如何创新实践，优良设计如何评价、实现，成为经济发展和社会发展中的重要内容，也成为奖项设立者、设计师、设计理论研究者关注的问题。奖项的设置不只是一个平台，也是每个设计产品的成长过程，是起点而非终点，是飞跃而非终结。所以，一个相对完善的奖项是促进社会进步、经济发展的重要平台，在某种程度上，也能影响工业化社会的发展进程。

第二节　三大代表性设计奖项的重要性与作用比较分析

在全球知名搜索引擎谷歌（Google）上对大奖进行搜索，数据量排名前三的分别是日本优良设计奖、德国红点奖、德国 IF 奖。中国红星奖在 8 个大奖里排名第五，英文名称搜索结果排在第七位（见图 3-1）。这些数据足以说明，在全球视野内，前几名设计奖项带给人们的关注度与影响力更明显。

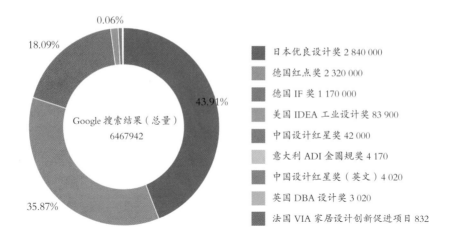

图 3-1 设计奖项在 Google 中的搜索结果

一、德国 IF 奖、日本 G-mark 奖、中国红星奖的产生背景比较

历史原因、地理因素、经济发展程度和政治政策等都是影响各奖项产生与发展的关键因素。在特定的历史条件下，设计奖项也会对其所处的背景积极地作出反应。

（一）德国 IF 奖

二战后，德国试图克服第三帝国遗留下来的重担。为创造一个全新的开始，产业界提出"优良设计"的想法，反对美国过度消费的设计思潮。这个想法是包豪斯结合伦理与美学的考量发展而来的，由乌尔姆设计学院深化。1953 年春天，汉诺威工业贸易大展（Hannover Fair）中附加推出"优良设计的工业产品特展"，其目标为利用产品设计传达与树立新的德国形象。"Special exposition"的名字在最初几年一直被保留着。同年，Philip、Rosenthal、德国工业联合会（BDI）与汉诺威展览公司成立了一个新协会——优良工业设计协会（Die gute Industrieforum e.V），1959 年这项活动被重新命名为"Good Industrial Design"，负责"IF 产品设计竞赛"与相关的 IF 展览并于 1990 年更名为"IF Industrie Forum Design Hannover"，其后更名为工业论坛设计协会（Industries Forum Design e.V，简称 IF）。该协会相关工业设计章程也是后继者遵循的原则（详见附录 2）。德国工业设计的先锋 Wilelm Wangenfeld 也参与其中。有异于其他设计机构，也是 IF 奖项最重要的特点之一，IF 奖项是由产业协会组织发起的，而不是由政府发起，目标是建立年度选拔程序，选出优良的产品，于汉诺威展览会上颁奖和展示。这样的选拔程序逐步发展为全球认可、表彰卓越设计的 IF 设计奖。

20 世纪中期，面向大众的新设计理念得到德国工业联盟设计师和建筑师、激进的乌尔姆设计学院和一些零售业、工业领域的领军人物的支持，这些人对新设计持有坚定的信念。其中，商业界对于新设计理念的执行与推动发挥着关键的作用。这些公司大多是家族所有制的中小企业，企业经营者比较有文化。这些公司一直支持新设计理念，并在实际生产中具体参与、践行设计对于企业的作用。这些中小企业有罗森塔尔（Rosenthal）、博朗（Braun）、符腾堡（WMF.）、斯图加特嘉丁（Stuttgarter Gardinen）、陶氏（Pott）、格莱尔吉纳格拉斯（Gral and Jenaer Glas）、德国派氏（Pesch）、卢泽（Loeser）和克汉（Wilkhahn），如今大多声名显赫。当时经营公司的多数是 21 岁上下的年轻人，他们自称"21 族"，在践行设计理念的同时也开始了企业的宣传工作，在设计与企业结合发展的过程中不断调适设计的位置。比如早些年，IF 设计作品展现出物品几乎类似的特性，如蔡司（Zeiss）或者博世（Bosch），这些公司的工程师着迷于功能性的设计，相信功能性设计也可以具有美感。所以，在早期 IF 的优秀设计作品中不乏凸显功能性的产品。还有一些公司由于建筑设计师承担了设计的责任，如德国通用电气公司（AEG）和曼恩公司（MAN），更加强调产品功能性的外在价值。设计先驱出于对文化的兴趣而追求的设计理念，在初始阶段与企业发展不断磨合，并体现在早期的优秀设计作品中。这些人怀着相同的理念，大部分来自德国工业联盟，负责建立设计中心，成立 IF。

2001 年，IF 国际论坛设计有限公司（IF International Fourm Design GmgH）企业化地承接运营业务，在设计与企业间提供国际性服务，并且在最新的设计发展和趋势上提供展示的平台，包括组织和主办 IF 奖。协会则更聚焦扮演设计与产业之间调解者的角色。21 世纪，IF 在多个设计领域已经成为全球领导者，名气来源于 IF 奖。对全球的公司而言，IF 奖可以说是少数极具价值名望的设计奖项之一，尤其在欧洲与亚洲都具有崇高的声誉，并在拉丁美洲和北美洲得以持续扩展。对参与奖项的企业和设计公司而言，IF 的获奖标志是所有设计因素中代表最佳造型、美学品质、使用性与服务的标记。建筑、室内设计以及服务设计等全新项目，也不断地被纳入整合到 IF 奖中。

（二）日本 G-mark 奖

1957 年，日本 G-mark 奖项设立。战败后的日本，国内经济状况不景气，举国为艰。奖项设立的最初目的是希望通过振兴出口刺激本国经济的发展。虽然国家已有技术和生产的积累，但很多产品在质量、品牌方面都没有国际竞争力，即便出口也没有市场。日本是战败国，在国际社会上极力想摆脱劣质品的归类。日本政府和产业界便提出以"设计原创产品来解决现实问题"的想法，同时借鉴欧洲和美国的经验，受到优良设计理念的影响，对设计的实际效用日渐清晰，在不断摸索解决问题的过程中，将设计原创产品的政策性引导作为最佳方案。奖项设立初期，日本政府出台了很多扶植原创设计的政策，设立了选拔、推荐、奖励优秀设计的制度，同时凸显出本国特点："国民为了继续生存而设计。"

战败后的日本，被美国文化大规模地入侵。可是日本并不想完全复制美国的文化框架，所以，20世纪中期，日本通产省大量派遣设计留学生到欧美，使日本的设计得到迅速复兴。同时，日本以国家政策促进本国的设计发展、经济发展。在派遣大量留学生后，日本虽然短时间内并没有改变低质、无原创的产品特征，但在以后的设计发展中关于创造的思考和实践不断增加。1950—1973年间，日本经济增长速度已超过西欧（见图3-2），但在收入上与西欧国家还有巨大差距，直到20世纪80年代，才与西欧国家收入水平基本持平（见图3-3）。

20世纪中期，日本设计在国际上依旧处于被动状态，大多以廉价的山寨为主。"'日本制造'这个短语意味着廉价玩具和山寨劣质的电子产品，这些产品是依据国外买家的规格标准为那些对营销廉价商品感兴趣的经销商而制作的，他们为大众提供与原产品名声或

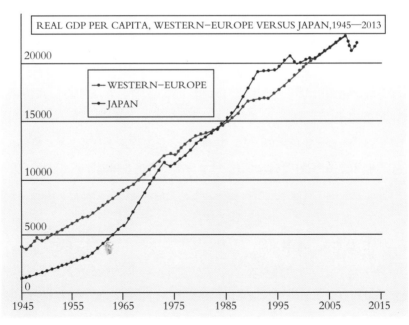

图3-2　1820—2013年日欧经济增长对比（红线代表日本，蓝线代表西欧，来源：麦迪逊2013）

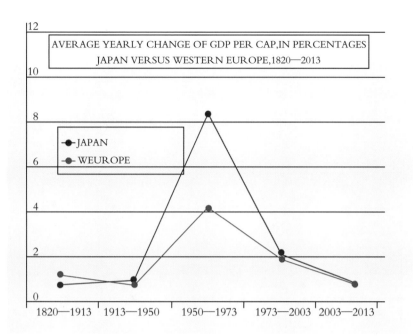

图 3-3 1945—2013 年日欧实际收入水平对比（红线代表日本，蓝线代表西欧，来源：麦迪逊 2013）

质量差距很大的仿冒品"[1] 20 世纪 60 年代，日本努力将创新科技与本国传统手工艺相结合，找到了独特的设计道路。短短 20 年，日本从工业模仿国变成创新国，电子产品、节能型小汽车等都是日本设计创新与科技结合且备受欧美推崇的特色产品。

1957 年优良设计奖的建立，看似将设计作为一种引进的办法，实则是日本通过设计的评价、推荐、奖励制度逐步将设计国家政策化以解决本土问题的最好方法。在此奖项的诞生过程中，日本发挥了卓越的原创力。它通过奖项设立再发掘本国文化内涵，充分发挥自身文化传承和引进外在设计思考相结合的价值，让设计奖项起着引导日本设计和产业发展、培养生活文化的重要作用。优良设计奖项成为衡量优秀文化价值的尺度，这种突破其实已经超越奖项本身的意义。前 40 年，优良设计奖是由日本的经济产业省主办的一个项目，20 世纪末移交给日本设计振兴会负责。在奖项设立的 60 年间，获得"优良设计奖"的设计大约已有 4 万件。

（三）中国红星奖

第三世界的崛起对设计发展也具有特殊的意义。很多国家面对新世界，开始理智地思

---

① Raizmann, David, *History of Modern Design（Sec. Ed.）*, London: Lawrence King Pub, 2010, pp. 298.

考自身的行为与世界的关系，成为独立自主国家享有尊严之后，开始思考设计给生活带来的改变。比如中国设计奖项红星奖的建立，就体现了作为发展中国家的中国已经意识到设计的重要性，并开始学习、思考、完善设计方法，设计能力不断提升。20世纪初到21世纪初，与西欧相比较，中国的经济发展开始高于西欧，节点正是20世纪50年代以后，是西欧国家大力发展设计振兴产业、建立设计奖项的时期（见图3-4）。

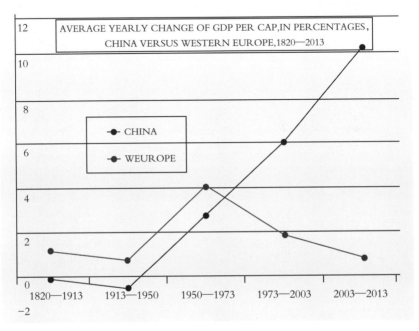

图3-4　1820—2013年，中国对比西欧的经济增长（红线代表中国，蓝线代表西欧，来源：麦迪逊2013）

在某种程度上，中国经济的发展仍是加工制造业的发展，有加工，也有制造，并没有完成自主知识产权体系下的制度与标准设计。中国在新中国成立初期至21世纪初基本上无原创设计，以引进为主，不重视知识产权、设计，只要有销售能卖，只关注造，不重视制（制度、规范、标准、流程），就是常说的"有造无制"。如何让中国提升产品的原创性、国际信誉地位，形成国际品牌，是中国设计产业急需思考的问题。设计产业已是发达国家创意经济的重要组成部分，能够推动经济发展，促进社会可持续发展。中国的设计产业虽起步较晚，但发展迅速。随着各行各业的日益重视，设计已经在从"中国制造"向"中国创造"的转变中发挥着重要作用。重视原创设计，提倡科技创新，是国家文化发展繁荣、创建创新型国家的关键。

中国红星奖设立于 2006 年。作为中国非常具有影响力的设计奖项，其获奖作品可以代表中国设计行业的水平，也希望能引领中国设计行业的发展动向。红星奖是由政府支持，国务院发展研究中心《新经济导刊》杂志社、中国工业设计协会和北京市科委合作创办的奖项（表3-1），具有相对积极的社会导向性，对中国企业、设计公司、设计高校等都有着非常重要的影响。红星奖的设立遵循公平、公正、公益、高水平、国际化的原则，目前是中国国内影响力最大、参评数量最多的设计奖项。

表 3-1　中国红星奖机构单位

指导单位	北京市科学技术委员会
主办单位	中国工业设计协会、北京工业设计促进中心、《新经济导刊》杂志社
承办单位	北京工业设计促进中心
支持单位	北京市知识产权局、中国光华科技基金会、无锡市人民政府
协办单位	北京工业设计促进会、上海工业设计协会、天津市工业设计协会、重庆工业设计协会、无锡工业设计协会、广州工业设计促进会、青岛市工业设计协会、深圳市设计联合会

资料来源：红星奖官网。

二、德国 IF 奖、日本 G-mark 奖、中国红星奖的奖项结构比较

关于技术问题，维克多·帕帕奈克这样评价："在大多数工业化国家，许多人把抑制各种生态功能紊乱寄希望于适当的技术的出现。显然，未来的一些发明将修正地球上所有既往的错误，但在设计、建筑和规划中，新的技术安排常常伴随着一系列未知的副作用。这些副作用所引发的灾难性后果从小到大，不一而足，而很多情况下，它们所设定的情节更是故意忽略人的尺度。"[1]

随着科技不断进步，技术水平飞跃提高，经过几十年的发展，设计奖项在结构上也有了不同的变化。比如，互联网技术发展时期设计奖项增设的数字媒体类、服务设计等奖项，都是技术影响奖项的一种体现。通过研究不同设计奖项的结构变化，可以看出不同社会发

---

[1] Victor Papanek, Green Imperative, p.9.

展时期技术与设计之间的关联。

（一）IF奖

1954年，IF颁发了第一批奖项，共有121家制造企业的221件产品获奖。首届举办只有产品设计类别，获奖企业都来自德国本土。当年获得5个以上产品奖的制造企业共有9家。

在IF的60年里，德国本土作品数量最多，共计23 842（套）件，参加比赛历时最久。数量上排在第二、三位的是日本和韩国，虽然参赛时间没有一些欧洲国家久，但后来居上的参赛数量足以证明这些亚洲国家在发展设计产业、重视工业化的过程中，从国家相关鼓励支持政策到业界的专业化程度，都有了突飞猛进的发展。同时，欧洲国家在总数量上虽然没有亚洲的日本、韩国、中国、中国台湾多，但参与时间较长，对IF有持续的忠诚度，如丹麦、瑞士、瑞典等北欧国家，法国、比利时、英国这些工业化最早的一批资本主义国家，都在这个奖项中持续得到认可与效益（见图3-5）。对近年来，IF获奖数量与国家和地区的研究发现，奖项发起国德国获奖数量最多（9 714项），占据所有奖项的40%，紧跟的是韩国（2 078项）、中国（2 039项）、日本（2 021项）、中国台湾（1 650项）。但是在各国的获奖情况中，中国获得金奖的比例在前10个国家和地区中排名最低（见图3-6）。

IF的奖项设置中，逐步完善了各个类别的设定，由最初的只有产品设计一个类别，到1956年开始征集包装类别、1962年征集室内设计，逐渐到1997年增设视觉传达类别。可以看出，这是对科技进步的重要反映，其奖项自身也在不断完善。在类别演变过程中，一些奖项会由于专业之间的整合、发展虽然产生却没有持续，比如IF单独设立过的中国设计奖，因为当时中国的设计力量相对薄弱且水平有限，无法与欧洲国家比较，经过一段时间之后，中国的设计发展有了一定的国际视野和较高水平后，这个奖项就取消了。还如摄影、时装、展陈等类别，单列出奖项类别后又被取消整合。数字媒体信息时代，服务等概念不仅仅包含人机界面的方向，更包含设计服务的系统性，所以2015年新增服务设计这一大类。时至今日，IF奖项已经包含建筑、室内设计、服务设计、产品、视觉传达、包装设计与概念设计七大类别（见图3-7）。

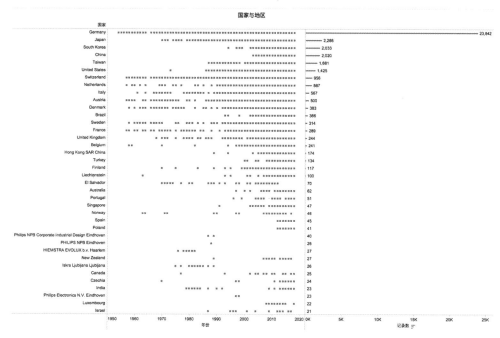

图 3-5　IF 奖历年部分参赛国家与参赛作品数量

国家和地区	获奖数量	总数量占比	If Design Award%	Gold Awarded%
Germany	9714	40.0%	94.5%	5.5%
South Korea	2078	8.6%	96.3%	3.7%
China	2039	8.4%	97.9%	2.1%
Japan	2021	8.3%	92.7%	7.3%
Taiwan	1650	6.8%	97.4%	2.6%
United States	1315	5.4%	92.0%	8.0%
Netherlands	867	3.6%	93.9%	6.1%
Switzerland	696	2.9%	94.1%	5.9%
Italy	429	1.8%	96.5%	3.5%
Brazil	372	1.5%	95.7%	4.3%

图 3-6　1997—2018 年 IF 获奖数量、金奖占比国家和地区 TOP10

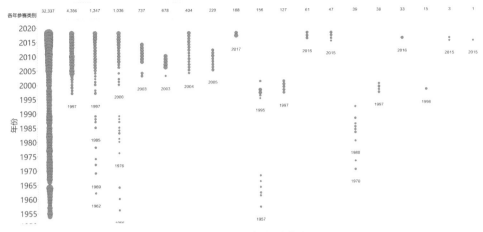

图 3-7 　IF 奖比赛类别变化

　　参与评选的作品数量统计，从设置之初的 1954 年至 2018 年，骤增期是 21 世纪初期，随后呈现继续稳步上升的趋势（见图 3-8）。这体现了大部分的经济发展国家意识到了设计奖项带来的荣誉感、信用和行业品牌力量。

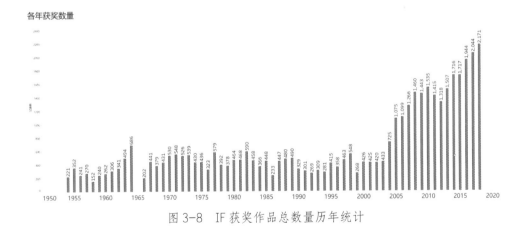

图 3-8 　IF 获奖作品总数量历年统计

（二）G-mark 奖

　　自 1957 年 G-mark 制度创立以来，截至 2018 年，共颁发了 44 000 个奖项（见图 3-9）。第一年以建筑师坂仓准三为评审委员长，设计界、建筑界、产业界等 42 名代表组成的评审委员会选定了 47 件优良设计商品。最初选择的范围没有特别限定，名单由审查委员推荐。1963 年，在各企业逐渐导入并实践设计的大背景下，创设 7 年的 G-mark 制度开始采用公开募集的形式，当年选定数量增加至 117 件。随着社会对设计整体认识的提高，在综合提升生活品质目标的驱使下，"G"标志在1984年进行了系统的改革，扩大了优秀设计产品的目标选择区域。"G"标志的选择目标从成立之初的日用杂货、轻工产品和光学仪器依次扩大到家具、纺织品、陶瓷、家用电器、住宅设备等目标领域。由此，选定产品数量迎来一个高峰：1984年（1 341件）、1985年（1 390件）。此后，选定数量逐渐下降至1998年的717件，同年开始的"Good Design Award"由日本产业设计振兴会主办，实现了民营化。随着参与国家和地区的数量不断增加，2017年实现1 428件优良设计的选定，超越了1985年的历史高峰（见图3-10）。

图3-9 G-mark 60年间获奖总数量

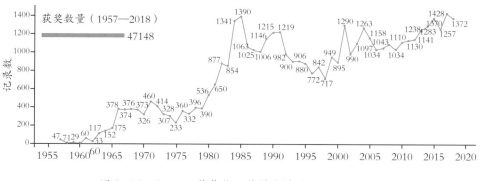

图3-10 G-mark获奖作品数量统计（1957—2018）

优良设计奖的奖项结构根据日本的历史发展不断变化，设置和废立都与时代背景紧密相关，在不断调整的过程中承担设计对社会的责任。比如1990年，日本进入泡沫经济时期，享乐主义被奉行。随后，泡沫经济破灭，人们的生活状态开始变得茫然，消费欲望不是那么明显。在此之前，优良设计奖的评选范围基本锁定于工业制品和生活用品，此时进行更加综合的扩展，拓展到建筑、环境，又加入了媒体、交流。

日本优良设计奖前期主要颁发给本土的企业。除日本以外，第一个获得该奖项的国家是欧洲的德国（1976年）。1984年是获奖国家新增数量最高的年份（9个），分别是：欧洲的奥地利、丹麦、法国、意大利、瑞典、瑞士、英国、南斯拉夫，以及北美洲第一个获奖国家美国；澳洲第一个获奖的国家是澳大利亚（1986年）；亚洲除日本以外中国台湾于1988年首次获奖，中国香港与中国大陆首次获奖于2001年与2006年；南美洲第一个参赛的国家是巴西（2009年）。

G-mark 2014—2018 年的获奖数据显示，日本获奖数量排名第一，占总获奖率的81.36%；我国台湾地区排名第二，占4.89%，紧跟着的是韩国（4.02%）、中国大陆（3.47%）、泰国（2.31%），前五名都在亚洲（见图3-11）。

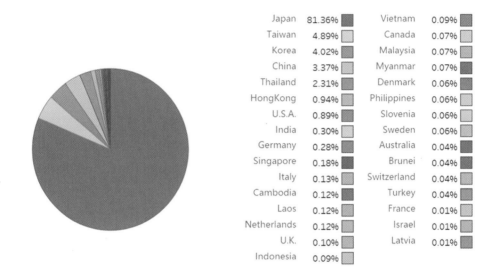

图 3-11　G-mark 国家与地区获奖情况（2014—2018）

自1957年创办以来，获得日本优良设计奖的共有43个国家与地区。各种奖项中获奖国家与地区最多的分别是：获得奖项类别最多的国家与地区分别是：日本（32个）、德国（6个）、美国（6个）、瑞典（6个），中国目前只获得过两类奖项，即 Good Design Award、Good Design Gold Award（见图3-12）。

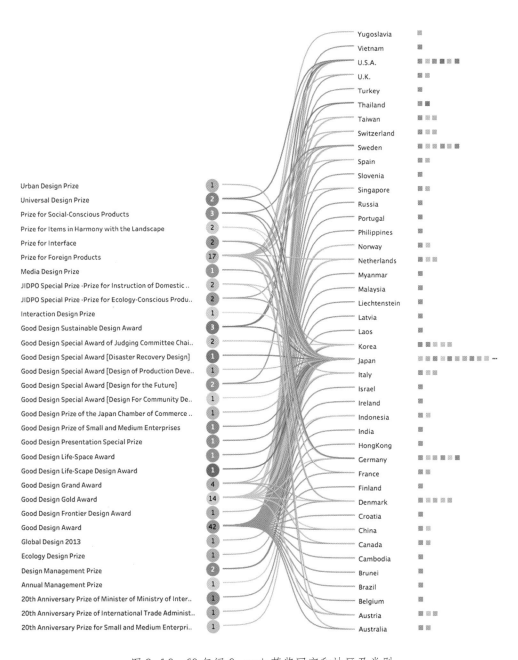

图 3-12　60 年间 G-mark 获奖国家和地区及类别

三、德国 IF 奖、日本 G-mark 奖、中国红星奖奖项机制与流程比较

建筑师纽特拉在著作《通过设计生存》中反对社会以商业为中心，呼吁"建立更广泛的设计思考，将系统、环境、社会和科学连接在一起的设计思考"。纽特拉说："设计是最重要的手段，长久以来，人类试图用设计改变自己赖以生存的自然环境，时而粉碎破坏并将之批发销售。自然环境不得不被我们设计得更适合居住并满足人日益增多的渴望。每个设计逐渐成为其他一大堆设计的祖先，然后又促生了一些新的渴望……作为一种把结构置入一种有序或无序中的行为，设计似乎是人类的宿命。它似乎既能把事情搞得一团糟，又能使人摆脱这一团糟。保存这个萎缩的星球上的生命并优雅地存活下来，这是我们的物种必须慎重对待的特殊责任，也是我们这些会思考、有远见、能构造的动物唯一的机会。"①

设计奖项的机制不仅仅是设立优质的标准和评审流程，更是文化价值和社会文明发展的导向，是设计奖项能否良性健康发展的保证。在每个成功的设计奖项背后，都有各自侧重的评审原则，或者说是以社会价值导向为奖项要义。这些原则概括了奖项的专业标准、发展策略和价值方向。在每个设计奖项中，原则和评审标准都是奖项成长的重要骨架。

（一）德国 IF 设计奖

IF 奖设立的目标之一是提供最好的服务。服务能否成功，关键在于是否以客户可衡量的形式作出。参赛作品可以让大奖组织者立即获得商业、设计和建筑工作室这些目标群体的活动状况、与世界各地的公司和设计师密切联系，为 IF 组织机构提供在国际范围内成功工作所需的信息和知识。能够接受完整性和可靠性是 IF 机构的内在价值，并成为它们工作的坚实基础。

IF 的奖项基本由建筑、室内设计、服务设计、产品、视觉传达、包装设计与概念设计七大类别组成。

自 1953 年起，IF 协会遵循以下六项原则：

● 认定、支持与推广优良设计

● 提高大众对于设计以及设计在生活中扮演的角色与意义的认识

● 协助企业将设计整合至长期策略

● 维护专业设计师的角色并提升大众对于设计师职业的认识

● 透过设计实现社会变革

---

① 转引自 Marcia M. O. Sampaio Rosefelt, *The Design Dilemma: A Study of the New Morality of Industrial Design in Western Societies, Doctor Dissertation,* New York University，1986，pp. 114 — 115.

● 支持有天分的设计新秀，为年轻设计师创造公共平台[①]

正是由于 IF 遵循这样的原则，秉承正直诚信的声誉，它才能成为全球历史上最悠久的独立设计机构之一，也清楚地有别于其他竞争对手。

2019 年，IF 的评审标准如下：

● 创新与品质：创新度；精致度；独特性；执行完成度／工艺

● 功能：使用价值与可用性；人体工学；实用性；安全性

● 美学：审美诉求；感性诉求；空间概念；情境氛围

● 责任：生产效率；符合环保标准／碳足迹；社会责任；通用设计

● 定位：品牌适合度；目标群体契合度；差异化

对比近几年的评审标准，基本可以推断出最初标准的样貌。

IF 奖的另一关键成功因素是该奖项的开放性，其在奖项机制中起到包容和创新精神的重要作用。这既体现了有资格获得优秀设计的产品类型广泛，也体现了开放性精神在不断发展。这种开放性比其他任何事物都重要，它为评判小组提供了广泛讨论的空间，并使他们作出明智的决定。自 1975 年 Herbert Lindinger 制订了迄今为止仍在运用的 IF 奖项标准以来，这是一个被证明有效的、可靠的原则。关于标准的来源，Herbert Lindinger 教授谈道："我至少从两个方面得到了灵感。1952 年，马克思·辛在瑞士举办了标志性的'Mustermesse'贸易展，展会中提出了优秀工业设计外观的 5 个标准。小埃德加·考夫曼为纽约现代美术馆（MOMA）提出的标准目录以及米亚·吉格在德国设计协会中对它的引用同样重要。"可以说，IF 评审标准全面地考虑了使用者、工业体系中各环节的制造者和全社会的意见，然后尽可能多地将之变成文字。这样的标准应该是最具一致性和差异性的。

Herbert Lindinger 教授还对这个标准如何顺应发展、产业界的可信度作出解答："IF 设计奖能够在众多类似奖项中独占鳌头的原因之一，就在于它总能够在变化刚刚发生时就作出回应。你只需要想一想生态学就可以了。在最开始的时候，它确实是我们的未知领域，没有人知道最后会发展到什么地步。一方面，社会公众的生态学意识和对生态的关注正在快速增加，另一方面产业界则因其固有的保守性对生态学持有不确定、等等看的立场。另外一个问题是如何找到这方面真正权威的评审专家。尽管如此，我们经过慎重考虑，认为世界上没有完美的事情，所以主推生态学这一决策最终得以成功。这个例子能够很好地反

---

① IF 官网：https://ifworlddesignguide.com。

映 IF 引领潮流的能力……越来越复杂的电子设备对我们提出了又一个革命性的挑战。它们快速改变了人与技术工具、设备、机器、汽车和其他设施的界面。同时到来的还有澎湃的小型化浪潮，这一潮流早在 1958 年就被乌尔姆提出来作为未来的挑战。受此两种潮流的影响，设计师们只能将过往冗长的产品说明和使用手册改成越来越小的用户界面。以手机为例，对设计者和评审者来说，这种新的用户引导不只是人体工程学的问题，同样也能够反映出设计者对用户想法和使用习惯的深度思考。视觉传达、图形和网络设计越来越成为产品设计中不可或缺的组成部分。面对这一潮流，我们同样反应很快，在 IF 设计奖中引入了相应的奖项。最后也很重要的一点是：我们经历和目睹了全新的多样性和千变万化的造型、色彩、材质和界面，以及剧烈的全球化竞争。"

Herbert Lindinger 为与产品相关、知情和独立评估设定了标准。自从他建立了评估标准，全球最重要的设计竞赛都将这些标准用于评判过程。作为设计领域历史最悠久、最负盛名的奖项竞赛的组织者，IF 致力于定期审查这些标准，并根据新的发展和变化需求进行调整。这里有一个例子：20 年前，品牌作为评价标准是不相关的；现在，它是综合框架评估标准的重要组成部分。IF 始终致力于预测变化，不仅仅是对变化作出反应，而且是让制订的评价标准在表彰优秀设计时更科学、合理。

市场经济中，设计及其应用是一项艰巨的创业任务，但考虑到其经济和文化层面，战后德国一直将促进设计视为国家的任务。这就是为什么德国设计委员会提倡机构和项目的创立，就像联邦各州的设计中心一样，这些机构和项目应该作为基本的融资来源，提供看似与公司无关的协调和服务。这对于设计奖项的发展起到很好的横向联合与整体前行的作用。

（二）日本 G-mark 设计奖

1998 年，"优良设计奖"主办方从政府的经济产业省变成日本设计振兴会，不仅开展大型活动，还与获奖企业合作进行推广活动。设计振兴会的核心作用是通过开展相关活动而得到发挥的。"优良设计奖"结果通过媒体公布，获得了广泛的社会认知，使其成为日本本国及国际上认可度极高的优质标准。日本的优良设计奖在机制上更加侧重设计的可持续性和前瞻性。

G-mark 优秀设计奖不仅仅是一个设计竞赛，正如其官方网站上提到的政策和筛选方法所述：G-mark 优秀设计奖不会将"设计"这个词视为名词。因此，它的筛选是围绕"设计"的概念进行的，并不同于公众常用的"设计"。该奖项的设计理念侧重"无尽的、持续的创造性思维活动"，使人们的生活更加丰富多彩。评委们了解每一个条目的背景和过程，观察其现状。换句话说，筛选 G-mark 优秀设计奖的重点是考察"参与对象对设计有什么意义和价值"。

优良设计奖项入场费分阶段收取。小额入场费包括第一次筛选费 10 800 日元和第二次筛选费 59 400 日元，获奖者的基本展览费为 124 200 日元，年鉴出版费为 32 400 日元。从入门到年鉴出版，赢得 G-mark 优秀设计奖需要预算 226 800 日元。相比同类比赛，它并不是最高的，收费额度相对合理。此外，参赛程序要求填写详细的登记表，在日本、中国和英国的 G-mark 网站上有详细的说明和演示步骤。

参与 G-mark 评比的不同之处在于，除了提供设计作品的代表性照片外，参赛者还需要提供以下信息：发展背景、设计理念、规划与发展的意义、创意独创性、设计师反思、表现和其他特征、个人信息及知识产权的规范，以供评审团参考。所有必需信息可以用英文填写，但每个信息字段有严格的字母限制，不允许出现额外的字母。G-mark 评审团希望通过参赛作品的设计理念了解可以给予人们或社会的建议及希望提供的价值和预期效果；评委会想知道"在设计工作的开发过程中，设计师希望向用户或社会传达什么样的反思和想法"。

优良设计奖的机制，并不仅仅是选择好的产品，而是发现好的设计共享，最终实现创造。当然，这个机制并不是完美的，跟其他大奖不同的不仅是奖项，而是一个"运动"。优良设计奖首先是设计的力量，让每个人都有设计的能力，但是很多人的设计能力并没有发挥出来。它试图通过唤醒每个人具备的设计能力，就实现每个人的想法，向社会寻求资源。这个奖项本质上是一个平台，这就需要发挥优良设计组织的作用。日本 G-mark 组委会执行理事长青木史郎说："希望通过我们，帮助设计师们把他们的设计推向社会，得到整个社会的支持，这是我们的功能。"

比较三大设计奖项的机制时，参赛费用也是重要的比较因素。可以看到（见表 3-2），以获奖为节点，获奖前 IF 和 G-mark 都需要参赛费用，中国红星奖不需要参赛费；在获奖后的推广费用中，根据产品规格和售价，不同奖项的推广费不同，但均在合理范围之内。三大奖项均能提供相对完善的推广渠道，虽然有商业运营的需求，但并不以商业利益为最终目的，仍是以促进设计发展、推动社会进步为宗旨。

表 3-2 三大奖项收费标准

类别	奖项 项目	IF 产品类别	IF 其他类别	G-mark 全体	红星奖 全体
参赛	报名费	340 /450/ 490 欧元	250 / 375/ 425 欧元	—	
评审	评审费	—		初审 10 800 日元 / 复审 57 240 日元	
	未发表评审费	—		102 600 日元	—
	评审展示	—		追加基础展示空间 17 280 日元 / 个 展示台 6 480 日元 / 平方米 电气工程费、电费 收取实际花费	
	附加材料费用	—		—	
获奖后	获奖推广费	2700 欧元	1600 欧元	156 600 日元	
	标志使用	不限时		产品售价 < 50 万日元：216 000 日元 / 年 产品售价 50 万—500 万日元：540 000 日元 / 年 产品售价 > 500 万日元：1 080 000 日元 / 年	
	奖状	PDF 文档		奖状 × 1	
	奖杯 / 奖牌	奖牌 × 2			
	官网收录	不限时		不限时	不限时
	App	三年		—	—
	刊物	—			有
	展览	数位展览		有	有
	媒体宣传	有			—
	短片剪辑	—			—
	新闻稿素材	有			—
	颁奖典礼	有		有	有
奖励		—	—	—	

四、德国 IF 奖、日本 G-mark 奖、中国红星奖评委与获奖者比较

德里夫斯在其经典著作《为大众设计》中准确地表达了他对设计师自我成长意识的认识："工业设计师从消除过度的装饰起家，当他们执着于产品的研究，观察其运作并想办法让它运作得更好、更美观时，真正的工作也就开始了……多年以来，我们在办公室都抱有这样一个信条，即我们所做的工作将会被抛开、议论、考虑、说服、激励、运作，或被个人或众人以某种方式采用。如果在产品与人之间的接触点成了矛盾点，那么工业设计师就失败了。反过来，如果人变得更安全、更舒适、更想买东西、效率更高——哪怕是更加高兴一些——设计师就成功了。"他给这项工作带来了独特的、分析的视角。[1]

（一）IF 奖评委

1954—1961 年，参加 IF 奖的评委都来自其创始国—德国。从 1962 年开始，有来自丹麦和英国的评委加入，这标志着 IF 奖开始出现国际化趋势。1963—2002 年，更多来自其他国家和地区的专业人士成为 IF 奖的评委。例如，1970 年有来自意大利和瑞士的评委加入，1977 年有西班牙的，1978 年有美国的，1983 年有日本的，1990 年有俄罗斯的等（见图 3-13）。2002 年，IF 奖的知名度扩大，IF 设计已经成为世界知名的产品设计奖，其任务为在设计与企业间提供国际范围的服务，并在最新的设计发展和趋势上提供展示的平台（见图 3-14）。2003 年，中国开始加入 IF 奖的评委团（见图 3-15）。

---

[1] Henry Dreyfuss, *Designing for People*, pp. 23-24.

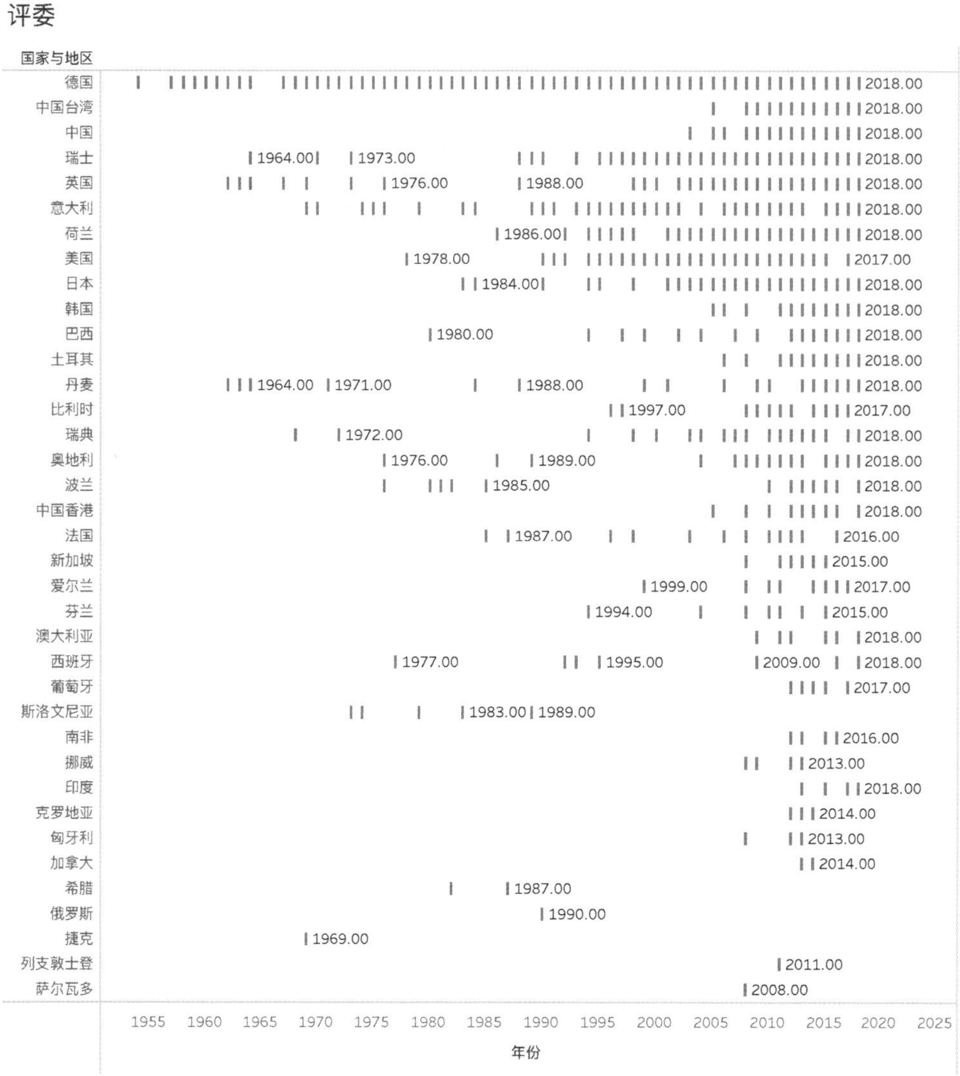

评委

国家与地区

德国 ‖‖‖‖‖‖ ‖‖‖‖‖‖‖‖‖‖‖‖‖‖‖‖‖‖‖‖‖‖‖‖‖‖‖‖‖‖‖‖‖ 2018.00
中国台湾 ‖‖‖‖‖‖‖‖ 2018.00
中国 ‖ ‖‖ ‖‖‖‖‖‖‖‖‖ 2018.00
瑞士 ‖1964.00‖ ‖1973.00 ‖‖‖ ‖ ‖‖‖‖‖‖‖‖‖‖‖‖‖‖‖‖ 2018.00
英国 ‖‖‖ ‖ ‖ ‖ ‖1976.00 ‖1988.00 ‖‖‖ ‖‖ ‖‖‖‖‖‖‖‖‖‖‖ 2018.00
意大利 ‖‖ ‖‖‖ ‖ ‖‖ ‖‖‖ ‖‖‖‖ ‖‖‖‖‖ ‖‖‖‖ 2018.00
荷兰 ‖1986.00‖ ‖‖‖‖ ‖‖‖‖‖‖‖‖‖‖‖‖‖‖‖ 2018.00
美国 ‖1978.00 ‖‖‖ ‖‖‖‖‖‖‖‖‖‖‖‖‖‖‖‖‖ 2017.00
日本 ‖‖1984.00‖ ‖‖ ‖‖‖‖‖‖‖‖‖‖‖‖‖‖‖ 2018.00
韩国 ‖‖ ‖ ‖‖‖‖‖‖‖ 2018.00
巴西 ‖1980.00 ‖ ‖ ‖ ‖ ‖ ‖‖‖‖‖‖‖ 2018.00
土耳其 ‖ ‖ ‖‖‖‖‖‖‖ 2018.00
丹麦 ‖‖‖1964.00 ‖1971.00 ‖ ‖1988.00 ‖ ‖ ‖ ‖ ‖‖‖‖ 2018.00
比利时 ‖‖1997.00 ‖‖‖‖‖ ‖‖‖ 2017.00
瑞典 ‖ ‖1972.00 ‖ ‖ ‖ ‖‖ ‖‖‖ ‖‖‖ 2018.00
奥地利 ‖1976.00 ‖ ‖1989.00 ‖ ‖‖‖ ‖ ‖‖‖ 2018.00
波兰 ‖ ‖‖‖ ‖1985.00 ‖ ‖ ‖‖‖‖ 2018.00
中国香港 ‖ ‖ ‖ ‖‖‖ 2018.00
法国 ‖ ‖1987.00 ‖ ‖ ‖ ‖ ‖ ‖‖‖‖ ‖2016.00
新加坡 ‖ ‖‖‖‖ 2015.00
爱尔兰 ‖1999.00 ‖ ‖‖ ‖‖‖ ‖2017.00
芬兰 ‖1994.00 ‖ ‖ ‖‖ ‖ 2015.00
澳大利亚 ‖ ‖‖ ‖‖ 2018.00
西班牙 ‖1977.00 ‖‖ ‖1995.00 ‖2009.00 ‖ ‖2018.00
葡萄牙 ‖‖‖‖ 2017.00
斯洛文尼亚 ‖‖ ‖ ‖1983.00‖1989.00
南非 ‖‖ ‖‖2016.00
挪威 ‖‖ ‖‖2013.00
印度 ‖ ‖ ‖‖2018.00
克罗地亚 ‖‖‖2014.00
匈牙利 ‖ ‖‖2013.00
加拿大 ‖‖2014.00
希腊 ‖ ‖1987.00
俄罗斯 ‖1990.00
捷克 ‖1969.00
列支敦士登 ‖2011.00
萨尔瓦多 ‖2008.00

1955　1960　1965　1970　1975　1980　1985　1990　1995　2000　2005　2010　2015　2020　2025

年份

图 3-13　IF 评委国家和地区及加入年份

评委

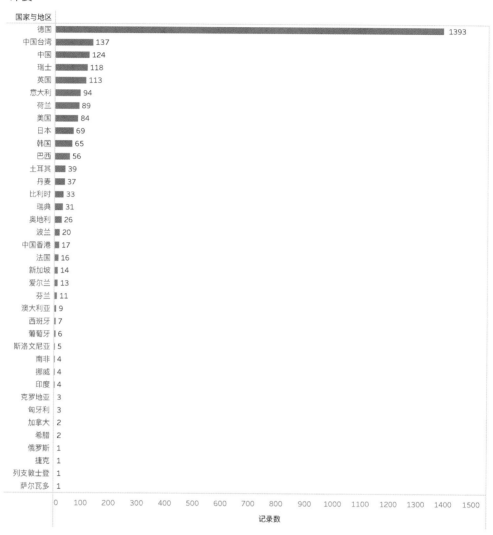

图 3-14　IF 奖历年评委数量总和前 10 的国家与地区统计

IF 评审团的评委来自不同的国家和地区，具有不同的背景。比如设计、商业和教育等领域，这些评委都是在专业领域优秀并有极高声誉的人，有丰富的经验。全面性的专业知识和经验是 IF 评委的必备条件。在选择评委时，委员必须遵守严格的推荐流程。因此IF 的评审团没有太年轻的设计师，年轻设计师也没有足够的国际设计经验。

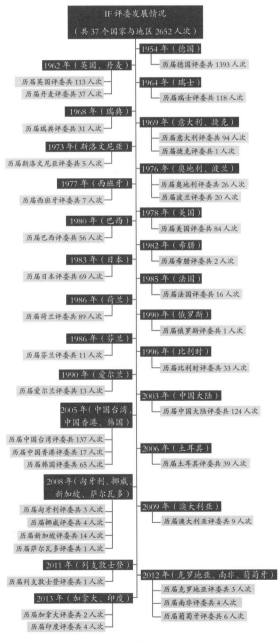

图 3-15　IF 奖评委近 60 年发展情况

（二）G-mark 评委的角色

设计的趋势变化不只带来作品本身设计哲学的改变，"优良设计奖"评审委员的年轻化也促成获奖者年轻化的结果。这种年龄上年轻化的倾向与 IF 设计奖项的评委方向设定截然不同。2015—2017 年的评审副委员长柴田文江说："不只是得奖者，审查委员的阵容这几年也换新血，由新人补上退下的年长者，当然评审者的眼光也算是比较年轻化了。由现在实际从事设计工作的人去发掘这些产品中觉得优秀的部分。"近几年的年轻审查委员中甚至有 30 岁出头的审查委员，"不会像过去较为偏向学院派教授看学生作品的眼光，而是以同样都在现场第一线建筑师的身份来看自己的伙伴有没有什么好作品的观点。"长坂常补充。[1] 与 IF 奖的评委不同，G-mark 奖的审查委员更倾向于年轻人的眼光与创新性（见表 3-3）。

表 3-3　G-mark 历任评审委员长和副委员长（1980—2017）

年份	评审委员长	评审副委员长
1980	平野拓夫	/
1981	清家清	/
1982	森本真佐男	/
1983	知久笃	/
1984	丰口协	/
1985	泉真也	/
1986	平野拓夫	/
1987	手推正道	/
1988	松本哲夫	/
1989	佐野宽	/
1990	森典彦	/
1991	田中央	/
1992	黑川雅之	/
1993	西泽健	/

① http://www.housearch.net/to/read?id=907.

年份	评审委员长	评审副委员长
1994	宫胁坛	/
1995	喜多俊之	/
1996	松永真	/
1997	川上元美	/
1998	中西部男	山田节子
1999	中西部男	黑川玲
2000	中西部男	航程千红
2001	川崎和男	航程千红
2002	川崎和男	森山明子
2003	川崎和男	森山明子
2004	喜多俊之	森山明子
2005	喜多俊之	左合一眼、山中俊治
2006	喜多俊之	赤池学、奥山清行
2007	内藤广	奥山清行、森山明子
2008	内藤广	安次富隆、森山明子
2009	内藤广	安次富隆、柴田文江、深泽直人、益田文和、山中俊治
2010	深泽直人	佐藤卓
2011	深泽直人	佐藤卓
2012	深泽直人	佐藤卓
2013	深泽直人	佐藤卓
2014	深泽直人	佐藤卓
2015	永井一史	柴田文江
2016	永井一史	柴田文江
2017	永井一史	柴田文江

　　透过评审制度可以发现，"优良设计奖"并不是用从上往下看的观点来审查作品，而是跟所有参赛者站在一样的水平线去看哪些作品可能获得多数人的鼓励。审查委员长永井一史更加重视共享这件事，提出了"聚焦议题"的讨论；并从 2015 年开始采用聚焦议题

这种评审方式。比起作品本身，G-mark 更重视的是背景，这个作品会被做出来有什么样的背景、对社会来说解决了什么样的问题，从而评选出设计优良的产品。

（三）红星奖评委

中国红星奖评委逐渐趋于国际化，近几年增至 200 位国内外各领域专家。通过不断调整评委组合结构，逐步制订出希望得到国际设计界认可的中国设计标准。红星奖的评委既有国际上经验丰富的设计专家，也有国内资深的设计界教授，面对需要解决的问题时，能够给出国际化视角的同时，针对本国国情提出具体的鼓励方向。资料显示，2006 年首届红星奖一共邀请了 11 个国家与地区的 19 位专家担任评委（详见附录 3），他们分别是：国际工业设计联合会（ICSID）主席 Prof. Dr. Peter Zec（德国）、美国工业设计师协会（IDSA）CEO Kristina Goodrich（美国）、德国 IF 设计奖常务理事 Ralph Wiegmann（德国）、西班牙巴塞罗那设计中心主席 Isabel Roig（西班牙）、澳大利亚设计奖总裁和澳大利亚标准组织（Standard Australia）设计与联络部主任 Brandon Gien（澳大利亚）、意大利设计协会首席亚洲顾问 Alberto Canetta（意大利）、欧洲设计协会（BEDA）办公署副部长 Michael Thomson（英国）、日本 G-mark 奖评委会主席喜多俊之（日本）、韩国设计振兴院院长兼韩国 Good Design 设计奖负责人李一奎（韩国）、韩国 Design Mall 设计公司主席赵英吉、中国台湾"好设计奖"评委陈文龙（中国台湾）、香港理工大学设计学院副学院主任林衍堂（中国香港）、清华大学美术学院责任教授和博士生导师柳冠中（中国）、北京工业设计促进中心主任陈冬亮（中国）、湖南大学设计艺术学院院长何人可（中国）、中央美术学院设计学院副院长和博士生导师许平教授（中国）、北京理工大学设计艺术学院院长张乃仁（中国）、广州美术学院设计学院教授童慧明（中国）、同济大学设计艺术研究中心主任林家阳（中国）。

五、德国 IF 奖、日本 G-mark 奖、中国红星奖的完善与发展

在西方伦理学思想史中，讨论"责任"的人不少，角度各异。尼采的说法最值得设计师深思："责任是一种敦促你做出行为的强制性感觉。"[1]责任与具体的行为有关，是强制性的。

---

[1]［德］弗里德里希·尼采，杨恒达译：《人性的，太人性的》，北京：中国人民大学出版社，2005 年，第 464 页。

设计的"有用"不等同于"有益"，规范或制度的制订是保护小部分人的利益，还是促进社会的进步，要批判地、冷静地观察不同时期制度的局限性。所有规范和制度都要不断调整与完善，与时代发展相适应、相共生。

（一）德国 IF 奖

任何成功举办设计竞赛超过 50 年的组织都被迫要重新评估其自身并作出必要的修改，为国际设计界树立积极的榜样。IF 设计奖的发展就是最好的范例。例如，通过明确区分产品设计和传达设计竞赛，它不断调整确定比赛的发展方向。IF 在发展过程中也需要解决比赛面对的最直接的问题，发挥设计奖项的作用，思考其进一步发展的方向。比如，设计竞赛如何能使公司或设计师受益，把设计奖付诸使用，这是两个最常见的问题。一方面，需要考虑那些在世界最著名的设计竞赛中赢得竞争优势的优秀设计在众多产品和正在进行的全球品牌大战中所起的关键作用；另一方面，要明确获奖设计的作用和功能。

（二）日本 G-mark 奖

日本优良设计奖自 1957 年创办以来，不同时期发展出适应不同社会发展情况的设计奖项。其中知名度最高的"好设计奖（Good Design Award）"，是唯一一个自 1957 年延续至今的奖项。

1977 年，优良设计奖的"G"标志在其 20 周年之际颁发了 4 个特别奖项，即 20 周年中小企业奖（20th Anniversary Prize for Small and Medium Enterprises）、20 周年国际贸易管理局奖（20th Anniversary Prize of International Trade Administration Bureau）、20 周年国际贸易和工业部部长奖（20th Anniversary Prize of Minister of Ministry of International Trade and Industry）、20 周年长期销售奖（20th Anniversary Prize For Long-selling），其中 20 周年长期销售奖在 1980 年正式引入更名为长青设计奖（Good Design Long Life Design Award），20 周年中小企业奖则在 1984 年引入更名为中小企业优良设计奖（Good Design Award Of Small And Medium Enterprises）。同年，新增了优良设计大奖（Good Design Grand Award）与优良设计金奖（Good Design Gold Award），这两个奖项也延续至今（见表 3-4）。

表 3-4　G-mark 奖项演变

序号	年份	奖项名称
1	1957	优良设计奖（Good Design Award）
2	1977	20 周年中小企业奖（20th Anniversary Prize for Small and Medium Enterprises）
3	1977	20 周年国际贸易管理局奖（20th Anniversary Prize of International Trade Administration Bureau）
4	1977	20 周年国际贸易和工业部部长奖（20th Anniversary Prize of Minister of Ministry of International Trade and Industry）
5	1977	20 周年长期销售奖（20th Anniversary Prize For Long-selling）
6	1980	优良设计大奖（Good Design Grand Award）
7	1980	优良设计金奖（Good Design Gold Award）
8	1980	长青设计奖（Good Design Long Life Design Award）
9	1984	中小企业优良设计奖（Good Design Prize of Small and Medium Enterprises）
10	1984	外国产品奖（Prize for Foreign Products）
11	1985	社会意识产品奖（Prize for Social-Conscious Products）
12	1990	界面设计奖（Prize for Interface）
13	1990	景观和谐奖（Prize for Items in Harmony with the Landscape）
14	1991	JIDPO 特别奖 - 生态意识产品奖（JIDPO Special Prize -Prize for Ecology-Conscious Products）
15	1996	JIDPO 特别奖 - 国内媒体设备教学奖（JIDPO Special Prize -Prize for Instruction of Domestic Media Equipment）
16	1997	生态设计奖（Ecology Design Prize）
17	1997	交互设计奖（Interaction Design Prize）
18	1997	通用设计奖（Universal Design Prize）
19	1999	城市设计奖（Urban Design Prize）
20	2000	年度管理奖（Annual Management Prize）
21	2000	设计管理奖（Design Management Prize）
22	2001	演讲特别奖（Good Design Presentation Special Prize）
23	2001	媒体设计奖（Media Design Prize）
24	2002	日本工商会优良设计奖（Good Design Prize of the Japan Chamber of Commerce and Industry）

序号	年份	奖项名称
25	2003	评审委员会主席优秀设计特别奖（Good Design Special Award of Judging Committee Chairman）
26	2008	景观设计奖（Good Design Life-Scape Design Award）
27	2008	可持续设计奖（Good Design Sustainable Design Award）
28	2009	前沿设计奖（Good Design Frontier Design Award）
29	2012	Good Design Special Award [Disaster Recovery Design]
30	2012	优良设计最佳100（Good Design Best 100）
31	2013	2013年全球设计奖（Global Design 2013）
32	2013	长青设计特别奖（Good Design Long Life Design Special Award）
33	2013	未来设计奖（Good Design Special Award [Design for the Future]）
34	2016	优良设计特别奖[社区发展设计]（Good Design Special Award [Design For Community Development]）
35	2016	生产开发设计（Good Design Special Award [Design of Production Development]）
36	2016	优良设计特别奖[未来设计]（Good Design Special Award [Design for the Future]）
37	2016	优良设计特别奖[灾难恢复设计]（Good Design Special Award [Disaster Recovery Design]）

2014—2018年获奖数据显示，在所有颁发的奖项中，优良设计奖占95.08%，数量排名第二的是长青设计奖1.94%，优良设计金奖（Good Design Gold Award）与优良设计大奖（Good Design Grand Award）分别占获奖总数量的1.39%与0.06%。其中，大奖每年最多只颁发1个，是含金量最高的奖项（见图3-16）。

图3-16　G-mark 2014—2018年各奖项占比

"优良设计金奖"（Good Design Gold Award）属于优良设计奖制度中的特别奖项，于1980年启用。评选方式是从年度最佳100个优良设计作品中选出能够开拓未来生活、产业生产及社会的设计，授予"优良设计金奖"。数据显示，近年来颁发的金奖数量基本保持在20个左右（见图3-17）。

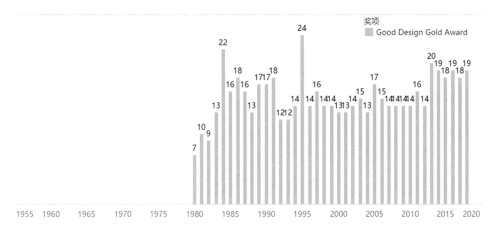

图 3-17 G-mark 1957—2018 年金奖数量

（三）中国红星奖

从设立之初至2010年，红星奖逐步由国内征集向全球开放征集，包括很多世界500强企业，如西门子、博世、LG电子等知名设计公司。如2009年，红星奖共征集到3 821件产品（758家企业），同比2008年增加21%，作品来自国内25省市与全球各国家和地区。2006—2017年，奖项内部组成部分发生以下变化（见表3-5）。这是一个不断完善的过程。

表 3-5 红星奖主要发展历程

年份	红星奖发展历程概况
2006	首创，由中国工业设计协会、北京工业设计促进中心、国务院发展研究中心《新经济导刊》杂志社共同发起，北京工业设计促进中心承办
2009	与德国红点奖签署战略合作协议 通过 Icsid（国际工业设计协会联合会）认证，并利用其世界性的交流平台和网络进行宣传，红星奖的组织工作得到国际权威设计组织的认可 红星奖已有全国25个省市地区758家单位的3 821件产品参评，比2006年的200家单位400件参评产品分别实现280%和855%的增长

年份	红星奖发展历程概况
2010	与韩国好设计奖实现标准互认 首次全球开放征集,成为国际化的开端 荣获红星奖成为广东省高级工业设计师资格认定标准
2011	中国创新设计红星奖走进非洲,一些企业提出在非洲代理红星奖获奖产品的意愿 参加"2011台北世界设计大会国际设计博览会"
2012	与澳大利亚国际设计奖实现标准互认 红星奖博物馆诞生 新增红星原创奖项
2015	增设红星奖大众评审平台,设计产品在网上投票,近百万浏览量,投票达数十万。
2016	与国美在线、阿里巴巴集团等企业合作,增加产品曝光度,拓展市场渠道
2017	原创作品征集创历届新高

六、德国 IF 奖、日本 G-mark 奖、中国红星奖的外延比较分析

就设计奖项的推广而言,成熟的奖项会根据不同地域特点进行文化结合与交流推广。世界各地的设计各具特点,这与历史、文化和技术因素有关,也都是设计师创作产品过程中需要考虑的。因此,设计奖项的推广必须适合与支持每个设计师在创作过程中与他人形成具体的联系,而且这种联系因国家而异。例如,设计在欧洲历史上所具有的重要的价值、地位,与它在美国或亚洲的地位是不可比的。对优秀设计和当今欧洲设计师的普遍尊重和理解,要与对伟大建筑师、艺术家和世界大师的尊重更紧密地联系在一起。这些传统手工材料的大师创造了今天我们所知道的伟大的欧洲城市,他们在欧洲非常受欢迎,但在美洲的流行文化中并不一定如此。

历史上,德意志制造联盟非常重视宣传、推广的作用,这为设计奖项的外延(如展览、媒体、交流、培训)发展奠定了基础。德意志制造联盟在20世纪之初就出版了很多刊物和印刷品。如在1912年的年鉴中,就收录了贝伦斯设计的电器和厂房,还在历年的年鉴中介绍了福特汽车的流水线、生活用品、厨房设备等优秀的设计作品。它体现了德意志制造联盟设计的内在价值观念、倡导的功能与使用价值,并为大众所接受。这些设计奖项的宣传在设计以外的工作中起到促进世界设计共同发展的作用,对欧洲与美国乃至日本都产

生了积极的影响。在不同的外延品类发展上，如常设展、衍生品商店、博物馆、对外交流合作等方面，三大奖项各有不同，相对来说，IF 奖和 G-mark 奖在推广方面相对成熟（见表 3-6）。

表 3-6　三大奖项外延内容对比

奖项	常设展	衍生品商店	博物馆	对外交流合作
IF 奖	√		√	√
G-mark 奖	√	√		√
中国设计红星奖	√		√	√

（一）IF 设计奖项的外延

IF 拥有众多设计展览，最重要的是德国本土的汉诺威 IF 设计展，所有获奖作品以实体或多媒体形式展出。2005 年，IF 奖吸引了 25 万—30 万游客参观"IF 前展"，同时向世界各地运送约 5 000 本年鉴，在国际媒体上刊载文章。事实上，IF 组织者把自己看作连接商业和设计、社会和政府的中型媒介，不断地提供更大的平台和空间，对于 IF 设计奖得主尤其如此。

IF 成立的 60 年间，有 60 多个国家和地区参与，11.9 万件作品参评，其中，1.2 万家公司获得奖项，获奖作品 3.2 万件，拥有上千万观众。作为一个设计的媒介，这个机构逐渐把设计推向巅峰。展览过程中，IF 持续做的事情是在汉堡的新展厅设永久的展厅。在某种意义上，这可以被看作 IF 的设计博物馆。在德国最大型城市如柏林、慕尼黑、汉堡均做过展陈，尤其汉堡在传媒方面还是领先的城市，有很好的城市资源，又是港口的城市，IF 选择这个地方做永久的展厅，可谓影响巨大。汉堡的展厅有 1 500 平方米，有一层楼是数字化的展厅，其他是实物的展厅，每年至少有 10 万—20 万的访客。

IF 拥有来自世界 190 个国家和地区的 150 万用户，IF 世界设计指南是其最大的设计门户。许多公司、公共行政部门、非政府组织、基金会甚至个人都已经开发了与社会相关的项目或产品，并在 IF 世界设计指南中展示他们的工作。在题为"公共和社会价值：为明天设计解决方案"的系列中，这些项目可以无限期免费提供。这是一个很好的吸引公众关注的方法。

2018 年 4 月，非营利的 IF 设计基金会成立于德国汉诺威市，其目的是在没有商业压力和限制的情况下促进设计发展，发挥其社会意义。这个新基金会取代了 IF Industrie Forum Design eV（IF eV）。1953 年，德国著名工业设计师 Wilhelm Wagenfeld 为第一本关于设计基本原理的 IF 年鉴撰写了一篇文章，并强调了其社会意义。65 年后，这些原则构成 IF 新基金会的基础。IF 设计基金会将主要支持以下主题领域的项目：设计领域的科学研究；艺术和文化；教育和职业培训，包括学生支持，特别是促进新的创造性设计人才；自然和景观保护。任何旨在改善生活条件、促进和平共处、保护环境的项目或产品，即服务于共同利益和创造公共价值的项目或产品都有资格参加。IF 基金会的使命是支持科学研究和教育、文化、社会参与、环境意识和可持续性，为选定的设计项目提供财务支持，使其启动项目时不受商业压力和限制。

IF 还设有网上展厅，上传了 3.2 万件作品，约有 40 万的参观者，获奖者也可以访问，且获奖以后不需要付费。媒体方面，与全球 1 万多名记者有关联，每月有新闻稿，也会更新。记者们共发给 IF 组织者 1.6 万封邮件，目前开始有中文。另外，IF 还提供做广告的工具，IF 的 LOGO 可以无限时使用，前提是需要证书，获奖公司可以使用不同的材料、不同的样板，如果经验不丰富，不了解怎么做新闻稿，IF 也可以提供帮助。

IF 在多个国家和地区建立了分公司，亚洲地区首先于 2007 年落户中国台湾，2016 年又在深圳建立分公司。在 IF 大中华地区子公司艺符设计有限公司总经理李建国看来，此举具有十分必要的战略目的：“IF 设计奖是全球最重要的设计奖项之一，也是我们的核心业务，我们会持续维持其专业、正直、严谨以及值得信赖的形象，持续给参赛者提供最好的服务，给获奖者最有帮助的宣传推广，给消费者最佳的设计质量背书，未来在亚洲会朝如何让参赛更为方便、如何在地区性市场有更直接的营销帮助上努力，也会邀请亚洲地区更多优秀设计师参与评选工作，并参与亚洲地区有助于推广获奖作品的活动与展会。”

“除了设计奖项的业务外，IF 结合全球的设计资源与脉络，为设计的发展以及对社会公益的影响持续努力，未来有机会在设计相关的教育、咨询、展览、活动中做更多的交流，一同参与亚洲地区的设计发展，共同建立亚洲地区需要的更长远的设计观。”

（二）日本 G-mark

优良设计奖并非一个设计技能的竞技比赛，虽然它通过严密的审查来评选“好设计”，但更重在得奖之后参加者、媒体、流通零售业等结合成为一个整体来积极展开系列活动，对“好设计”进行推广。以评价与诉求一体化的方式来振兴设计，是优良设计奖的最大特征。G-mark 奖在奖项的外延部分做得更加成熟和规范，如建立了很多实体的优秀作品展厅、线上展示、优秀产品售卖店、频繁的设计交流与教学活动，这些在奖项外延方向上的充分发展，促进了对年轻设计人才的培养、提高了国民审美素质。

展览方面：优良设计的展览看起来与欧洲的非常不同。人们走近主会场时，会发现展览的主要视觉标志在场地内外随处可见，乍一看，它只是一个红色的圆圈，但非常生动。整个 G-mark 展览，包括现场仪式、展览场地入口、多个展览场地以及场地之间的走廊。尽管展览持续的天数不是很长，但展示的视觉效果令人印象深刻。在 G-mark 展览会上，还有特殊区域展示市场上持续发展十多年的优质设计产品（长青奖产品）。这些形式意味着此展览倡导设计师不要局限于具体问题和设计表现，而是要让自己更深入地思考作品如何实现可持续发展。

优秀产品实体店方面：自 2009 年起，日本设计推广学院在中国香港举办了多项与设计有关的推广活动。作为其中的一部分，一家名为"好设计店"的商店在新创意综合体（PMQ）中开业。PMQ 是一处由中国香港政府建造的商业设施，旨在为工业发展提供一种新的创意。"PMQ"位于 Soho 中区，是中国香港的特色地区之一，也是最具敏感性的游客和高收入人士聚集地。这处政府主导的最新创意基地，可容纳超过 100 套中国香港本地创作者开办的商铺及食肆。"好设计店"利用了"PMQ"的优势，作为"G"标志产品的展厅同时销售获奖产品，兼作日本设计推广的基地。中国香港作为亚洲充满活力的工业和文化重要城市，为优秀设计奖和日本设计提供优质的国际观众。"好设计店"不定期举办展览，2014 年的 7 月 1 日举办了由日本设计促进会主办，深泽直人先生策划的展览——"KOOKCHI—舒适感"的设计展。这次展览展示了这位在国际上活跃的著名日本产品设计师的作品，由于深泽直人先生过去曾获得过优良设计奖，多年的时间里共获得 88 个此类奖项，所以由他亲自挑选了整个展览期间展出的广受好评的产品。展出的 29 件展品包括家具、家用电器和电子产品，主要来自 20 世纪 90 年代深泽直人的设计作品。通过观察这些产品，人们可以欣赏到深泽直人先生的经典设计作品。

中国台湾优良设计奖官方门店也相继开店，第一家在中国台北松山文化创意园设计展上开幕。作为继中国香港 PMQ 好设计店之后的第二个海外前哨，永久设计中心将在中国台湾和亚洲其他地区推广优良设计奖和日本设计。

2016 年，优良设计奖 60 周年展览在曼谷好设计商店举行。展览分为改变和支持人们的生活方式的设计、在设计指导下的生活和工业的进步、继续受到人们喜爱的品牌及其设计和触觉的未来四个部分，展出了获得良好设计奖和长寿设计奖的设计。其中，包括 1958 年本田超级幼崽 C100、索尼的第一个随身听、东芝的原始电饭煲、Pocky 巧克力棒，以及更多的日本创新产品设计和包装，标示着 20 世纪到现在的设计沿革。

2017 年，东京首家优良设计奖商店开业，店面位于东京车站附近的 KITTE 商场（见图 3-18），用于销售得奖的优秀设计商品。无论作为伴手礼或自家使用，都让设计更贴进生活，让好的设计被持续传承使用，以便让设计可以时时刻刻改善现状。所以，优良设计的组织者——日本设计促进协会（JDP）开设了这个生活提案店。这家店的店员也说，因为有了这家实体商品店，旅客们在购买伴手礼上又多了个选择。选择在 KITTE 开设，是因为东京车站周围是日本与世界交流的重要据点之一，希望来来往往的旅客能在店里找到自己需要的设计商品或者选购到有质感的伴手礼送给重要的人。商店里有获得长寿奖的1928 年就持续发售的 COW 皂（如图 3-19），也有 1919 年开始经营的燕振兴工业生产的金属食器（见图 3-20），这个品牌的食器曾被纽约近现代美术馆 MOMA 收藏。

图 3-18　KITTE 商场的优良设计奖实体店　　图 3-19　获得长寿奖的 COW皂　　图 3-20　获得长寿奖的金属餐具

国际奖项交流合作方面：2015 年 5 月 6 日至 6 月 12 日，题为"日本设计如何为社会服务"的合作活动在德国汉堡举行。这是两个几乎都具有 60 年历史的奖项——优良设计奖与德国 IF 设计奖的首次合作。它包括日本五大公司的产品或项目设计展览，涵盖从电子产品到家具等领域的优良设计奖，以及获奖设计师的演讲。两个领先的国际设计奖的首个合作项目，旨在向欧洲展示日本公司的潜力，并促进它们在商业和设计方面的互动。

优良设计奖在举办过程中还得到下述国际团体的协作与支持：

● Associazione per il Disegno Industriale (ADI)

● Corporate Synergy Development Center, Taiwan (CSD)

● Daegu Gyongbuk Design Center (DGDC)

● D & AD

● Design & Crafts Council Ireland (DCCI)

● Design Center of the Philippines (DCP)

- Design Singapore Council (DSG)

- GOOD DESIGN Australia

- Hong Kong Design Centre (HKDC)

- Industrial Designers Society of Turkey (ETMK)

- Industrial Technology Research Institute (ITRI)

- International Council of Design (ico-D)

- International Federation of Interior Architects/Designers (IFI)

- Korea Association of Industrial Designers (KAID)

- Korea Institute of Design Promotion (KIDP)

- Metal Industries Research & Development Centre (MIRDC)

- Seoul Design Foundation (SDF)

- Taiwan Design Center (TDC)

- The International Association of Universities and Colleges of Art, Design and Media (CUMULUS)

- The Swiss Society of Engineers and Architects (SIA)

- World Design Organization (WDO)

（三）红星奖

红星奖在奖项的外延方面做得相对没有前两个奖项涵盖面全，在实体商品店、交流合作、培养年轻人才等重要的方面目前有待给予更多关注，在国际巡展、国内巡展和媒体报道上有一定的影响力。资料显示，自2006年创办至今（2018年），红星奖共征集到30多个国家和地区7 000多家企业的近60 000件产品。国内参评地域涵盖全部34个省、直辖市、自治区和港澳台地区。参评企业包括国际知名企业，如德国奥迪、瑞典沃尔沃、韩国三星、美国戴尔、中车、商飞、联想等数千家中外企业。参评产品涵盖信息技术、节能环保、虚拟现实、等高精尖技术产品。中央媒体、行业媒体广泛关注红星奖。中央电视台、《人民日报》、新华社等重量级媒体对红星奖作出大篇幅报道，企业也在获奖后被广泛宣传。红星奖与阿里巴巴、京东、视觉中国、苏州图书馆等电商、传媒、文化、科技、金融等领域的伙伴广泛开展合作。

2012年，红星奖博物馆诞生，位于北京"设计之都"大厦内，并于天津、武汉设有分馆，展出所有的红星奖获奖产品。红星奖博物馆除了建有实体展馆，每年还以巡回展的形式，举办获奖产品展览。截至2016年，红星奖先后赴巴黎、米兰、北京、上海、首尔等36个城市举行了147场巡展，受众超过330万人次，帮助上千家制造企业与设计师开展设计诊断、对接交易活动，受到设计界、企业界高度重视。博物馆展示了红星奖12年的发展历程，历届获奖作品也在展览中。目前，红星奖虽只是一个地方级设计大奖，但已经具有了一定的国际影响力，力图通过推广让国民感受到中国设计的发展、设计无处不在。

第四章　设计奖项设立与企业的关联

设计通过自身更新迭代、不断进化与完善，成为人类发展各领域不可分割的部分。设计不仅仅是执行形式上的审美任务，它还是创新思维、提出问题、解决问题的方法。但是这并不意味着我们粗浅地把它看作简单的工具。毕竟，设计本身并不是目的，而是手段，是达到目的有效、合理的过程。没有正确理解设计含义的公司领导者通常只会将设计单一地界定到商业领域，而非文化领域。然而，这样的理解是会限制公司发展的。设计在企业中自始至终都是参与者和引导者。综观国际知名企业的发展历程，我们很难轻视设计在企业发展历程中的作用。评价设计对企业的意义，并不是简单、孤立地评价产品，而是将其置于经济和市场环境中去评价，可以说，设计是具有企业品牌特性的无形价值。

第一节　设计奖项对于企业的重要性

一、设计对于企业的重要性

以往任何企业发展到一定阶段时，都会对消费者以及同行竞争者提出新的要求。这种要求在原有的产品上已经得不到满足，产品若不更新升级，就会失去吸引力和竞争优势。此时企业若想保持业绩并不断发展壮大，需要改进的不仅仅是外观和功能。绝大部分企业的初期产品是企业创始人定义或参与开发生产的，在不断发展的过程中迭代到 2 代或 3 代时，外观与功能的共同完善开始变得重要，这时专业的设计人员要参与到产品的开发与升级中。虽然最终的决定权还在企业领导者或市场营销人员的手中，但设计部门已经逐步成为创新企业的重要组成部分。当行业竞争更加激烈，市场上的大部分产品同质化越发严重时，设计部门就开始从研发阶段参与到新产品计划生成的全流程中来，成为核心动力，是产品开发不可或缺的部分，而不再停留在仅仅调整颜色、包装、形状等"创新"工作上了。大部分企业已经理解了这种"创新"只是短期吸引，并不会持久，更不能解决企业发展、提升价值等更加深刻的问题。市场上的成功不是简单的眼球经济、视觉刺激，要将设计看作扎实的、有效发展企业战略的坚实基础。设计也不仅仅是产品和服务的内容，还可以通过沟通和交流从市场和定位上成为公司的战略手段。

二、设计奖项对于企业的重要性

大多数人更关注研究设计类奖项对于提升大公司全球竞争力和成为世界典范的作用，而探究设计奖项内在价值的却很少。对大多数公司和设计师来说，设计奖项已经成为竞争的必备条件。获奖不仅是在专业领域上得到认同，还可以创造经济效益，提高企业的销售业绩，增加其市场占有率。奖项可以带来直接的经济效益，或间接地提升公司在市场上的美誉度。如果一家公司的名气无法让消费者在购买产品时通过短暂观察获得公司的产品信息，奖项对于扩大公司的声誉就会起到非常重要的作用。在知识经济的世界里，无形资产的力量有时比有形资产对企业成功所产生的影响更大。因此，今天的企业不能仅仅依靠有形资产来获取竞争优势。在此情况下，设计、设计奖项的获得被视为公司价值品质和确保自身竞争优势的关键因素。

设计奖项不仅是衡量企业创造力管理效果的指标，而且对企业绩效也有影响。通常情况下，得到一个奖项，可以提升公司的声誉，产生公众效应，公开表达其优质性和识别性。例如，三星就是在获得许多重大设计奖项后，成为世界上最有价值的著名品牌之一的（见图4-1）。在 IF 设计奖 1997—2018 年获奖企业前几名里，获得奖项最多的就是三星（713项）。因此，不难确定设计奖项对于公司竞争优势和表现的重要作用。一些公司愿意采用获奖的策略，以确保它们在设计创新方面的投入是有效和有保障的。奖项的价值还体现在最终消费者购买获奖产品时，选择与获奖产品倡导一致的价值观。

制造企业	获奖数量	总数量占比	If Design Award %	Gold Awarded %
Samsung Electronics	713	3.0%	95.7%	4.3%
Philips	559	2.3%	95.7%	4.3%
Robert Bosch Hausgeräte GmbH	326	1.4%	99.1%	0.9%
LG	321	1.3%	95.6%	4.4%
BSH Hausgeräte GmbH / Brand Siemens	304	1.3%	98.7%	1.3%
Sony, Japan	277	1.2%	87.0%	13.0%
panasonic	225	0.9%	93.3%	6.7%
BMW Group	202	0.8%	93.6%	6.4%
ASUSTEK COMPUTER INC.	176	0.7%	97.2%	2.8%
Siemens AG	167	0.7%	99.4%	0.6%

图 4-1　IF 中 1997—2018 年获奖企业数量对比

　　通过设计奖项了解全新的创新思路，研究消费市场，将设计方法与管理方法并行，可以使企业保持特质，进一步建立新设计开发理念。设计奖项在行业方向和社会需求上可以对企业起到具体的指导作用，如企业可通过分析优秀作品得到建议，判断产品开发方向，详细分析领域内的产品，对技术资源进行创新性、现实性的判断等。通过确定优秀产品，可为企业提供不同方向上的思考。设计奖项能促进同行业先进技术的推广、普及与发展，在经济增长模式的优化组合中示范于其他企业，通过了解消费群体和分析、判断、引领消费行为，将合理的生活方式和更高的社会价值追求潜移默化地带入大众生活。

　　设计奖项是对企业信誉与品牌的肯定，褒奖的是企业整体系统中的每一部分，可以是产品、服务，更可以是企业的文化、精神。奖项的成长也是企业的成长，企业的成长也作用于奖项的进步，使人们的价值判断不再停留在物质层面，而是更加深刻地内化到精神、体验、情感中，是多维度、高维度价值的提升，双方互为促进。设计奖项的重要性就在于它是大众与企业沟通的最佳平台，是双方信赖的价值体系，是文化力量的创新。分析 IF 历年获奖企业的金奖率发现，苹果公司虽加入较晚，但金奖率最高，达到 45.5%（见图 4-2），这让我们更加真切地感受到获奖企业在引领生活和发展方向上起到的重要作用。

制造企业	获奖数量	总数量占比	If Design Award%	Gold Awarded%
Apple	112	2.5%	54.5%	45.5%
Sony, Japan	277	6.1%	87.0%	13.0%
AUDI AG	116	2.6%	90.5%	9.5%
Hansgrohe SE	135	3.0%	91.9%	8.1%
panasonic	225	5.0%	93.3%	6.7%
BMW Group	202	4.5%	93.6%	6.4%
Hilti Corporation	101	2.2%	95.0%	5.0%
Canon Inc.	102	2.3%	95.1%	4.9%
Daimler AG	128	2.8%	95.3%	4.7%
LG	321	7.1%	95.6%	4.4%

图 4-2　IF 中 1997—2018 年获 100 个奖企业的金奖率对比

第二节　设计奖项与国际企业发展的关联

　　本节重点以获得德国的 IF 奖的企业为例研究设计奖项与国际企业发展的关联。分析发现，从 IF 奖项评审至今，多个国际型制造企业（西门子、WMF、西门子、博朗）获奖数量众多，这些公司持续参与的时间也较长。作为德国本土的企业，对于本国设计奖项的认可，不仅是产品获奖的有形经济效益，更是企业和设计奖项之间互相助力、共同成长的大品牌——国家品牌的建立。分析这些获奖数量前列的公司，找出企业与设计奖项之间的密切联系，可以看到设计对于企业发展的影响。选取的 5 个典型国际企业为：最早参与设定 IF 奖项的德国瓷器制造商罗森塔尔、产品与服务供应商 WMF、全球领先的电器生产商博朗、技术和服务供应商博世、电器制造与系统服务的西门子（见图 4-3）。

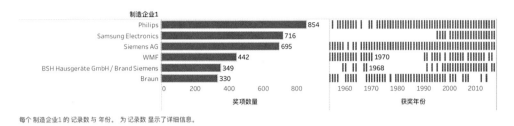

每个制造企业1的记录数 与 年份。 为记录数 显示了详细信息。

图 4-3　IF 获奖制造企业（部分）

一、德国瓷器制造商罗森塔尔与 IF

　　罗森塔尔（Rosenthal）是瓷器和玻璃在当代设计和艺术发展中的缩影，更是最初参与设立 IF 奖项的企业之一，是 IF 奖项的初创者，在企业发展中尤为重视设计。相比于那些没有复杂文化内涵及现代室内设计风格的产品，罗森塔尔代表着奢华的生活方式和特殊的美感。公司的理念是希望将传统与时尚相互融合。经历 130 年，品牌在发展过程中不断与设计师、建筑师、艺术家、手工艺者合作，创作出代表各个时期的最优秀的产品（见图 4-4）。

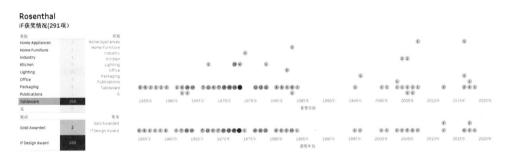

图 4-4　Rosenthal 的 IF 获奖情况

　　截止至 2018 年，罗森塔尔一共获得 291 个 iF 奖项。作为制造企业参赛的罗森塔尔，一共获得了 291 个 iF 奖项，获奖产品主要来自于 9 个类别，其中餐具（Tableware）产品获得了 256 项，占总体获奖数量的 87.6%。其中 2012 年的"Format（餐具）"以及 2017 年的"PHILIP（出版物）"获得了 iF 的金奖。

图 4-5　1955 年 IF Design Award 获奖作品（Service Form 2000）

菲利普·罗森塔尔开创了新的瓷器系列"new look"。其中，1954 年由美国工业设计先驱 Raymond Loewy 和 Richard Latham 设计的"2000"造型成为罗森塔尔 Well-Laid 餐桌的最新定义（见图 4-5）。"2000"作品获得"IF Design Award 1955"，"2000"的补充作品获得"IF Design Award 1956"。

几十年里，150 多位艺术家和设计师的努力使罗森塔尔充满活力，创造了时代的艺术潮流。在这个过程中，很多经典设计随之出现，如 Tapio Wirkkala 的"Variation"、Walter Gropius 的"TAC 1"、Timo Sarpaneva 的"Suomi"、Mario Bellini 的"Cupola"和 Jasper Morrison 的"Moon"等。质量上乘、设计出色的罗森塔尔产品获得 500 多项设计奖项和荣誉（见图 4-6—图 4-12）。

图 4-6　1964 IF Design Award 获奖作品（Kaffeekanne und Tasse weiß "Variation" Porcelaine noire）

图 4-7　1970 年 IF Design Award 获奖作品（Form TAC 1, weiß）

图 4-8 1978 年 IF Design Award 获奖作品
(Kaffeeservice Form "Suomi" Dekor anthrazit)

图 4-9 1954—1959 年 IF Design Award 部分获奖作品

图 4-10 1960—1969 年 IF Design Award 部分获奖作品

图 4-11 1970—1979 年 IF Design Award 部分获奖作品

图 4-12 2000—2018 年 IF Design Award 部分获奖作品

罗森塔尔遍布全球，从柏林到达沃斯和迪拜，旅行者和美食家可以在世界各地使用罗森塔尔瓷器就餐。罗森塔尔收藏品不仅用于酒店和餐厅，还用于火车、轮船和飞机。1901年，德国铁路就已成为罗森塔尔的客户。1906年，以柏林 Palast 酒店老板 Eduard Gutscher 为代表的酒店经营者对罗森塔尔瓷器的质量和设计表现出高度的满意。供应餐馆瓷器是罗森塔尔获得声望的重要来源。1929年，罗森塔尔为两艘船上的一流餐厅提供瓷器。晚餐系列是闪闪烁烁、饰有蚀刻金边的"Corona ivory"。此外，罗森塔尔产品在世界各地著名的博物馆、设计中心和画廊中都占有一席之地。

以2012年的获奖作品"Format"系列为例，设计师 Christoph de la Fontaine 成功地为最能表达罗森塔尔工作室风格的项目赋予了生命。这些产品的灵感来自20世纪五六十年代的设计，却被一种独特的艺术语言所激发。锥形和圆柱形等基本建筑形式结合在完全原始的产品系列中。"Format"（见图4-13）的有趣特征是，它能够将简单性和复杂性结合起来，而无须借助绘画、装饰品和涂鸦。不仅如此，比例的协调和不同尺寸单一组件的组合，实现了轻量化设计，是优秀设计和实用功能的完美结合。

图4-13　2012年 IF Glod Award 获奖作品（Format）

二、产品和服务供应商 WMF 与 IF

Wuerttembergische Metallwaren Fabrik AG （WMF）视自己为一家领先的、有国际竞争力的产品和服务供应商，其产品和服务主要集中在私人和商业领域中的餐桌与厨具。WMF 认为，市场份额、经济效率和盈利能力是履行其对客户、员工、投资者、环境及公众责任和承诺的关键因素。其产品涵盖家庭餐饮和商业餐饮领域，最有代表性的产品包括厨具、西餐具、玻璃器皿与刀具等。WMF生产了世界上第一个家用压力锅、第一台咖啡机和第一套大马士革刀具，奠定了其在厨具设计中的领先者地位，不断创新与时尚的设计以及优异的产品品质相得益彰，成为其产品的独特之处。WMF的核心产品价值是将烹饪、用餐及品饮变成健康、快乐的生活体验。这些独特优势也助力WMF奠定其在德国餐具及厨具行业的市场地位。

WMF总部位于德国盖斯林根，主要生产基地在德国。消费类产品约占总销售额的70%，通过该公司在德国的149家零售店和在奥地利、荷兰与瑞士的16家WMF门店，以及全球各地的高档百货商店和特殊零售商销售。除了WMF AG, WMF集团还包括德国酒店和餐饮行业供应商GebruderHepp和Boehringer Gastro Profi、餐具制造商Auerhahn、搪瓷厨具制造商Silit、烘焙餐具制造商W.F. Kaiser、保温瓶和礼品制造商alfiZitzmann以及瑞士自助餐系统制造商Hogatron。

截止至2018年，作为制造企业参赛的WMF，一共获得了442个iF奖项，（见图4-14）获奖产品主要来自于8个类别，其中餐具（Tableware）产品获得了407项，占总体获奖数量的92%。其中2003年的"Twist（家用电器）"以及2012年的"Living Lounge（餐具）"获得了金奖。

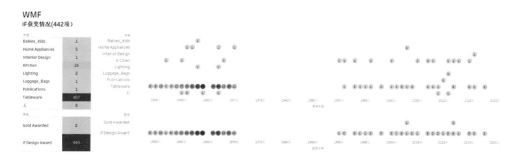

图 4-14 WMF 的 IF 获奖情况

二战期间，WMF在盖斯林根的工厂在空袭中幸存下来，公司的一切生产都来自再回收的原材料，如锡牛奶罐和轻型金属锅、容器。1948年，德国西部实施货币改革后，伯克哈特重新回到工作岗位，开始尽可能多地开展自动化生产，从餐具镀银开始，生产能力得到提高。1953年，电镀艺术车间关闭。于是，WMF试图以一种更现代的方式满足德国人对新银器、餐具和炊具的需求。20世纪50年代，与著名设计教授Wilhelm Wagenfeld

合作，为WMF赢得面向设计的高端消费品制造商的新声誉。在此期间，铬钢、不锈钢取代银作为主要的表面材料。

1950年，工业设计领域的自由设计师威廉·瓦根菲尔德（Wilhelm Wagenfeld），包豪斯的信徒，战后最有影响力的设计师之一受雇于WMF。在德国家庭中，许多经典餐具来自瓦根菲尔德时代——"Max and Moritz"盐和胡椒瓶、特色的弧形鸡蛋杯和"Form"经典餐具系列。瓦根菲尔德设计的德国桌将人们从过去的记忆中解放出来，同时又与国际潮流紧密相连。此外，Wagenfeld和20世纪50年代还象征着功能性的巨大变化（见图4-15、4-16）。

图4-15　1954—1964年IF DESIGN Award部分获奖作品（WMF）

图4-16　1965—1975年IF DESIGN Award部分获奖作品（WMF）

从 20 世纪 80 年代开始，德国再次陷入衰退，WMF 在所有权和管理方面也发生了根本性的变化。1980 年代初期的特点是公司业务的精简和改组，玻璃的生产、电路板的合同制造和热饮自动售货机的销售停止了，只保留了餐具、礼品、厨具和生活用品以及酒店行业的产品（见图 4-17—图 4-19）。

图 4-17　1976—1996 年 IF DESIGN Award 部分获奖作品（WMF）

图 4-18　1997—2017 年 IF DESIGN Award 部分获奖作品（WMF）

图 4-19　2018 年 IF DESIGN Award 部分获奖作品（WMF）

设计一直是 WMF 企业理念的重要组成部分，其产品以设计独特著称。如今，WMF 的内部创意团队与来自不同学科的知名国际设计师密切合作，采用整体设计方法，结合美学、功能和可用性，始终关注客户。WMF 产品旨在为顾客提供准备、烹饪、用餐和饮酒的情感体验，其在此方面取得的成功体现在公司年复一年的众多设计奖项中。

三、电器生产商博朗与 IF

现在，博朗（Braun）已经从原来的小型制造车间发展成为全球领先的电器生产商。公司成功的基础是坚守初创时的核心价值观：技术创新、可持续发展和杰出设计。在成立90 多年后的今天，博朗已经成为铝箔剃须刀、脱毛器和手持搅拌机的全球领导者。随着宝洁公司于 2005 年 10 月在美国辛辛那提的收购，博朗成为该消费品集团的 23 个全球品牌之一，年销售额超过 10 亿美元。

第二次世界大战期间，博朗的产品几乎全部被迫停止生产，机械驱动的袖珍手电筒 manulux（见图 4-20）是为数不多的例外之一。该款产品生产了 300 万件，是博朗第一个大规模生产的产品。1944 年，工厂几乎被完全摧毁。战后，公司开始了快速的重建过程。马克斯·博朗意识到新市场的潜力，1950 年博朗通过多混合厨房搅拌器进入厨房和家用电器领域，同时开始了第一个干箔剃须刀 s50（见图 4-21）的生产。这为博朗设立两个产品部门奠定了基础，其至今仍是公司的核心业务。

图4-20　博朗manulux袖珍手电筒　　　　图4-21　博朗干箔剃须刀s50

　　截止至2018年，博朗一共获得330 iF奖项。作为制造企业参赛的博朗，一共获得了330个iF奖项，获奖产品主要来自于17个类别，其中获奖数量最多的类别是厨房（Kitchen）产品获得了61项，占总体获奖数量的18.5%，然后是健康医疗（43项）、家用电器（41项）、音频产品（30项）。其中2006年的"Braun High Speed Digital-Thermometer（健康医疗）"获得了iF的金奖。而作为设计企业身份参赛的博朗一共获得195个iF奖项，获奖数量前三的类别是：健康医疗（43项）、家用电器（33项）、厨房产品（31项）。

图4-22　博朗IF获奖情况

　　20世纪50年代初，博朗收音机和唱机的销售开始停滞不前。欧文·博朗（Erwin Braun）开始对当代设计产生持久的兴趣。他意识到，为了保持业务的成功，公司及其产品需要从人群中脱颖而出。他产生了一种想法：开发一种现代设计。这种设计已经用于家具，并用于博朗的技术应用。欧文·博朗在朋友和顾问的帮助下实现了这个愿景。他最早的支持者之一是艺术历史学家、戏剧艺术专家、电影导演弗里茨·艾希勒（Fritz

Eichler）博士。艾希勒承担了他的第一个设计任务，并开始试验新的形式。

1954年，欧文·博朗又遇到另一位设计师——包豪斯学院的学生、工业设计的先驱威廉·瓦根菲尔德。通过不断的与设计师合作，博朗实施了一种全新的设计语言的企业愿景。在短短8个月里，他们开发出公司的全新形象。作为功能主义的一部分和系统设计的实践，博朗的新形式在表达方面特别有影响力，实现了当代客厅技术和美学的结合。

1955年，迪特·拉姆斯（Dieter Rams）以建筑师的身份来到博朗，最初的任务是重新设计办公室、展厅和客房，以符合企业新的理念。由于他直接在现场，能够以一种更加网络化的方式与技术人员进行更有效的合作，这是在乌尔姆大学外部学校参与合作时不可能做到的，博朗与迪特·拉姆斯完成了一系列经典的、引领性的产品，如1956年的里程碑作品——SK4录音机（见图4-23）。迪特·拉姆斯想出了在SK4录音机上使用树脂玻璃盖子的主意，这是他和古格罗特共同设计完成的。这种材料的选择是革命性的，导致该产品被赋予"白雪公主的棺材"的绰号。同年，该作品获得IF设计大奖。1961年，博朗设计部成立。

图4-23　SK4获得iF Design Award（1957年）

在与博朗合作的几十年间（任期为 1961—1995 年），拉姆斯担任设计部门负责人，帮助博朗获得多项国际大奖（见图 4-24—图 4-28），建立了品牌声誉，树立了博朗在设计领域不可撼动的地位。博朗公司作为设计品牌享誉世界，成为第一个将"好设计"引入大众市场的公司。设计部的工作被看作整个公司共同承担的一项任务，与公司管理层紧密合作，成了公司的灵感源泉。博朗对当时的设计概念产生了至关重要的影响，并在此过程中确立了自己作为工业设计标志的地位。

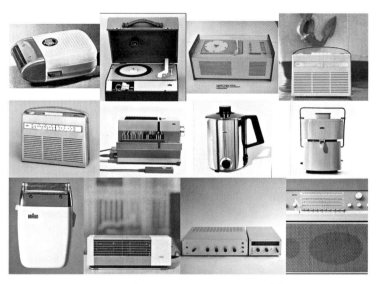

图 4-24　1954—1963 年 IF Design Award 部分获奖作品（Braun）

图 4-25　1964—1973 年 IF Design Award 部分获奖作品（Braun）

图 4-26　1974—1983 年 IF Design Award 部分获奖作品（Braun）

图 4-27　1994—2003 年 IF Design Award 部分获奖作品（Braun）

图 4-28　2004—2018 年 IF Design Award 部分获奖作品（Braun）

博朗获得的部分多项国际奖项和声誉如下：

1957 年，柏林国际建筑展上的展览公寓几乎全部安装了博朗的产品。

1958 年，纽约现代艺术博物馆在其标志性设计产品的永久收藏中增加了各种博朗电器。

1958 年，在布鲁塞尔世界博览会德国馆中，有 16 件博朗产品被誉为"德国制造业的杰出典范"。

1961 年，在伦敦举行的国际 Interplas 展览上，博朗因杰出使用塑料获得最高奖（1963 年再次获得该殊荣）。

1962 年，博朗因出色的工业产品设计在米兰被授予"指南针"称号。

1964 年，纽约现代艺术博物馆（MoMA）新开设了一个设计画廊，展出博朗的全部产品。

1964 年，文献展"工业设计"特展。

博朗不仅仅是一个品牌，还代表了 90 年来建立的包罗万象的设计概念。现在，公司的价值观仍与博朗兄弟（Braun brothers）的最初愿景相同：基于对员工和客户的尊重创造产品，并将设计作为实现这一目标的必要手段。"在今天的家庭中，Braun 采用不同的方法，几何轮廓、直线、良好的比例、均衡的颜色和材料选择，尽可能清晰简洁，以创造最佳的人机界面。博朗产品配备了美观、清晰的设计语言，专注于优化精确和舒适实用的主要功能。"——IF 评审团

四、技术和服务供应商博世与 IF

博世（Bosch）集团是全球领先的技术和服务供应商，其分为4个业务部门：移动解决方案、工业技术、消费品、能源和建筑技术。博世以"为生命而发明"为技术目标，通过创新和热情的产品与服务改善全球生活质量。

截止至2018年，博世一共获得192个iF奖项。作为制造企业参赛的博世，一共获得了192个iF奖项，获奖产品主要来自于18个类别，其中获奖数量最多的类别是生产制造（Industry）产品获得了56项，占总体获奖数量的29%，然后是工具（54项）、厨房（17项）、电信产品（15项）。其中2018年的"Bosch Gluey（办公产品）"获得了iF的金奖。

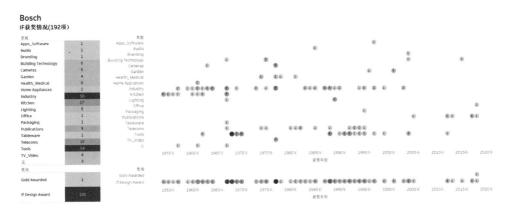

图 4-29　博世 IF 获奖情况

博世在战后的头几年主要关注汽车技术，很快该公司扩大其产品范围，包括冰箱、收音机、加热器和电动工具（见图4-30—图4-31）。

1960—1989年间，博世在产品开发上有很大的创新，尤其是在汽车技术领域。当社会言论开始关注道路安全和环境保护时，博世致力于低排放、经济和安全的汽车。在1974的"安全、清洁、经济"活动中博世兑现了这一承诺。这些创新包括D-Jetronic电子汽油喷射系统（1967）、ABS防抱死制动系统（1978）、EDC电子柴油控制系统（1986）和Blaupunkt Travel Pilot导航系统（1989）（见图4-32）。

图 4-30　1954—1959 年 IF Design Award 部分获奖作品（Bosch）

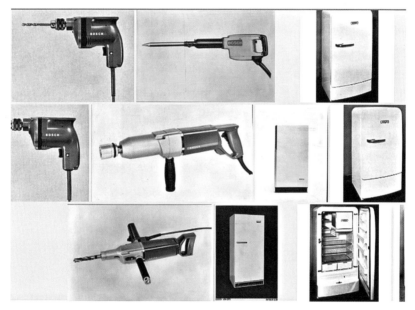

图 4-31　博世 IF Design Award 部分获奖作品（1954—1969 年）

图 4-32　博世 IF Design Award 部分获奖作品（1970—1979 年）

博世在技术创新、设计创新上不断创造亮点，实践着它们发明的战略口号。如 2015 年的 IF 获奖作品"Solar Module CIS"（见图 4-33），解决了建筑技术如何将二氧化碳减排、可持续能源和建筑创新目标结合起来的问题。Solar Module CIS 是一种活动的立面元素，通过运用太阳能降低建筑物的能源成本。对于新建筑和重建项目，薄膜模块激发了能源优化目标下外墙设计的新思路，可满足德国最新节能条例（EnEV）的严格要求。

图 4-33　Bosch Solar CIS Tech GmbH 获奖产品 Solar Module CIS（2015 IF Design Award）

五、电器制造和系统服务商西门子与 IF

截止至 2018 年，西门子一共获得 695 个 iF 奖项。作为制造企业参赛的西门子，一共获得了 695 个 iF 奖项，获奖产品主要来自于 28 个类别，其中获奖数量最多的类别是生产制造（Industry）产品获得了 173 项，占总体获奖数量的 24.9%，然后是电脑（97 项）、健康医疗（90 项）、通讯产品（88 项）。其中 1997 年的"Siemens AG（室内设计）"获得了 iF 的金奖。

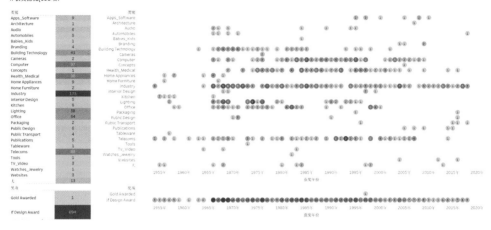

图 4-34　西门子 IF 获奖情况

二战结束时，西门子遭受了巨大的破坏，许多员工遇难或严重受伤，公司在柏林的大部分生产设施遭到破坏，在德国和国际上五分之四的资产都丢失了。然而，部分员工的活力和决心，使西门子能够重新开始业务，并再次具备竞争力。公司在 1950 年之前已经恢复了战前的生产能力。但是，恢复国际业务是无比艰难的。直到 20 世纪 50 年代初，公司才开始逐步回购没收的销售和生产公司，以及其他国家的专利、品牌和商标（见图 4-35—图 4-37）。

图 4-35　西门子 1954—1965 年 IF Design Award 部分获奖作品

图 4-36　西门子 1966—1989 年 IF Design Award 部分获奖作品

图 4-37　西门子 1990—2006 年 IF Design Award 部分获奖作品

　　近几年，西门子的获奖产品更加注重环境与技术的系统化结合，在获奖得到肯定的同时，也体现了 IF 奖与企业社会价值追求的同向。例如，2016 年的 IF 获奖作品 "UniLux 2020"（见图 4-38），是地球上最紧凑的通用厕所，在最小的空间内实现良好的人体工程学，满足乘客卫生和安全的要求。UniLux 2020 同样满足行动不便人士的需求，模块化结构允许针对客户需求进行差异化配置。产品集成内部区域的所有技术组件，可访问性和维护性得到优化，侧壁覆层附近的 Grabpoles 可用于供水和出水，具有双功能。所有元素融合在一起，并非一系列完全不同的个体解决方案。

图 4-38　西门子 2016 年 IF Design Award 获奖作品（UniLux 2020）

又如 2018 年的获奖作品"Qatar Foundation Avenio"（见图 4-39）。西门子与比利时"Yellow Window"设计机构共同为多哈（Doha）开发了该产品，在 11.5 千米长的行驶路线上，完全无须架空接触线。设计核心从可再生能源计划扩展到绿色建筑，再到健康生活计划。电车系统的目标是将教育城市转变为环保的智能城市，减少碳排放，大大改善居民的生活。这些电车配备了西门子的 Sitras HES 混合储能系统，可在车站停止期间快速充电。没有架空接触线的电车运行为车辆设计开辟了新的视角，将对城市景观产生积极影响。"Avenio 的未来主义设计补充了多哈的现代建筑。电车的计划运行没有架空接触线，使 Avenio 成为可持续铁路快速运输的典范。"干净的线条、宽大的白色表面和暗色的窗户是电车的外观特征。室内明亮且通风，顶上的特殊遮阳帘和中空玻璃让室内温度保持在舒适的范围内。简洁风格的座椅装饰和设计优雅的支柱，突出了电车的现代特色，带给乘客愉悦的体验感受。

图 4-39　2018 年 IF Design Award 获奖作品（Qatar Foundation Avenio）

通过获得 IF 产品设计奖项，许多国家已经认识到，设计是经济成功和履行社会责任的关键，而不是一个可有可无的工业产品的副产品。对当今社会来说，设计是一种辩论生活、社会条件、政治、营养以及设计本身的生产方式。

尽管世界各地依然存在差异，但日益增长的国际设计意识不容忽视，人们对设计的兴趣正日益全球化。每年有来自全球近 40 个国家和地区的产品获得 IF 设计奖，也深刻说明了这一点。观察这些公司，可以看到它们正回归到"系统能力"设计的趋势中来，允许产品具有更广泛的、系统性的功能。无论是在家庭、电信或汽车行业，兼容性和组合能力都是当今企业产品开发的关键功能。从近期企业获奖的案例中可以发现，很多企业给予奖项的认可是直接的、积极的。例如，汽车工业比赛中提交的参选汽车呈现出更突出的创新性。尤其是德国的汽车制造商在设计产品时，更加关注品牌的起源，而不仅仅照搬海外市场的风格。现代设计很大程度上面向可扩展性的要求，是一个构件系统。因此，有明确设计战略并始终如一的公司，会保持遥遥领先的地位，实现企业创新，并有极强的能量参与到实现新的设计标准中去。现在，很多公司不断地试图使用自己的设计语言来诠释社会价值，同时树立企业的品牌文化。

第五章　设计奖项设立与社会的关联

第一节　奖项设立的社会价值

设计奖项与社会价值之间存在必然且密切的联系。设计奖项的设立可以树立正确的社会价值，社会则可反观奖项的发展并给予积极的引导。目前，很多公司与设计师一起努力用精心设计的优秀产品在市场上定义自己的新身份。未来的销售价格已不再是产品销售的保证，只有通过产品及其使用向用户传达生活方式和愿望才能实现。用户必须认同公司的价值和目标。如果一家公司宣称它是按照生态标准生产产品的，那么，产品必须表达出"关注产品的整个生命周期，不提供童工在工资低廉的国家生产的产品"等内容。好的设计确实可以表达这一点。优秀的设计在市场中有着特殊的地位。许多公司已经意识到这一点，专门针对营销的设计很快就会过时，只有追求领先价值、有社会责任和态度的设计才能脱颖而出。因此，可以获奖的优秀设计，能够表达正确的公司道德观与价值观。

历史上不难找出经济成功和设计优秀并驾齐驱的例子，它们经过仔细的分析、长期的概念和面向未来的投资而得到回报。在廉价资本的时代，供应商们每一秒都在不停息地消耗资源、消耗员工，或者大量地向市场投放新产品，而不问是否需要。这样在短期内似乎可以快速赚取财富，但对消费者、环境和子孙后代承担的责任又该如何体现呢？

设计可以作为解决这一问题的触发器，并作为各种流程的中间人，IF产品设计奖就是一个很好的例子。只有保持冷静的、长远的、可持续发展的理念，才能让产品适应新的经济和社会发展需要。波士顿咨询集团第二次公布了来自亚洲、南美和东欧的100名"新全球挑战者"名单。2007年12月初发表这项研究时所用的副标题是"来自发展中国家的新经济巨人挑战西方市场领导者"。名单上的公司包括世界上最大的中国纸板集装箱制造商、印度风力涡轮机生产商和巴西零部件供应商。这些发展中国家的公司除了利用自己的优势和资源在全球范围内成长与活跃外，还开始从西方市场收购竞争对手的公司。这些公司大多来自工业产品行业，一些电子产品制造商也在争夺世界市场的份额。这是经济和社会领域的挑战，也将越来越多地涉及设计，因为这方面显然牵涉上述挑战。当然，设计绝不是一种万能或通用的解决方案。制订解决方案需要不同学科之间的对话。为此，公司应该迎接挑战，探索在全球市场中的机遇。那么，设计如何才能帮助公司实现这些崇高的目标呢？人们可能认为设计已经不再重要，因为市场上已经有那么多的产品。这虽然可能是真的，但有一个关键的区别：许多产品与设计没有任何关系。如果你认真对待设计，它能够实现所有这一切，并为制订符合公司发展的解决方案作出贡献。只有优秀的设计、优秀的产品，才能积极地、前瞻性地解决问题。

第二节 三大代表性奖项与社会价值之间的关联

一、专业人才储备上的价值

从 IF 中设计新秀奖的变革中，可以看出 IF 设计奖对专业学生和对设计有兴趣的年轻人的鼓励与帮助。IF 致力于扶植设计专业的学生。2011 年，IF 开始了一项非营利事业：IF 设计新秀公司（IF DESIGN TALENT GmbH）。该公司积极支持设计学科的学生，学生每年可选择参加 IF 筹办的各个设计新秀奖项。IF 新秀奖的前身是设立于 2008 年的 IF 概念设计奖，2015 年更名为 IF 学生设计奖，主要是因为此前很多学生经常错误地注册针对专业企业和设计师举办的奖项。更名后，以"学生"为奖项，可以从名称上让参赛者更清晰其定位，以便于注册时选择正确的奖项。2017 年，通过系统调整，再次将这个奖项更名为 IF 设计新秀奖（IF Design Talent Award）。

2012 年，IF 概念设计奖参赛作品首度超过 10 000 件。

至此，每年来自全球近 70 个国家和地区的学生提交超过 12 000 件参赛作品，借由参赛学生之间的互相竞争、学习，拓展其视野。有别于其他组织，IF 完全不向学生收费，反而提供奖金。之所以设立新秀奖，目的之一就是支持设计新秀，也是对他们的未来投资。对新秀奖来说，支持学生、帮助他们基于产业需求做好充分准备是义不容辞的职责，无论他们是否决定要成为自主或受雇的设计师。

为配合学生的学习规划，该奖项每年举办两次，目的是让更多的学生有机会将课堂学习成果与全球同仁分享，同时检视自己的实力。两次比赛的机会，相比于每年一次可获得更多的优秀作品奖。IF 设计新秀奖过去没有设定参赛主题，各个设计领域的学生都可以形成概念设计来参赛。获奖作品可传达出不同国家学生关注的议题与解决方式，内容新颖、丰富，是非常重要的资讯，在 IF 设计网页上展示。IF 网页的线上展览保存了自 1954 年以来的 110 000 余件设计作品，是目前规模最大的线上设计展览，是企业、设计师、媒体、采购与学术界经常浏览的设计网页，同时，它也是进行设计研究可利用的最好的资料库。明确资料的属性，确定精准的关键字可以方便地在网页内搜索资料。IF 的线上展览过去仅能依据奖项名称与年度进行搜寻，庞大的资料库不便浏览者快速搜寻到所需的内容。为此，IF 投注大量资金与人力重新建构其网页，于 2015 年年底对网页进行更新，更名为"IF 世界设计指南"，为设计界提供了一个比较好的入口网站。

2014—2015 年，IF 针对未来设计发展提出了几项影响大趋势（megatrend）变迁的主轴：社会、文化、经济、生态与科技。参加 IF 概念设计奖的作品须选择适合的变迁主轴，作为该作品的属性。然而，这些属性显然不是资料搜寻上适切的关键字。因此，IF 网站建设者在建构 IF 世界指南的主题以及为企业、设计工作室、设计师与设计师提供更多服务功能时，需要思考设定主题的必要性。IF 希望能够透过参赛主题了解当今学生求职时遇到的更高要求，使学生有机会面临更多的挑战，以便使学习和工作之间的联系更紧密。IF 不遗余力地支持设计新秀，如果没有赞助者的帮助，它将无法为年轻设计师做这么多工作。赞助商也曾委请 IF 举办学生设计奖项，成为单一的平台，以提供建立更多关系网络的机会。例如，将 IF 筹办的 Hansgrohe Design Prize 和 Haier Design Prize 整合到 IF 设计新秀奖，成为单独的主题。

近几年的 IF 新秀奖开始给定设计主题，每个主题都由专门的评审专家评选。一旦揭晓获奖者并颁发奖金后，所有的获奖作品将在 IF 世界设计指南中公布。6 个月的轮换和定期更新的主题使专业人才储备能够持续更新，让年轻的设计师有更多的机会对当前事件作出反应和回应。同时，它将新一代设计师与行业更紧密地联系起来，为年轻人才提供了能够表达创意的平台。

在辨识、宣传卓越设计上，IF 是积极倡议的执行者，扮演着评论者与支持者的角色。对许多学生而言，赢得 IF 设计新秀奖可为他们开启美好的职涯大门，找到自己满意的工作或建立自己的企业。除了办好设计新秀奖之外，为了实现年轻设计师的梦想，IF 将关注点聚焦在设计人才的培训以及设计新秀创意的孵化上，为学生提供更多与更进一步的支持。

二、国家经济发展与推动社会进步层面上的价值

（一）经济发展方面

设计奖项在不同时期对于人们衣食住行的影响，直接表现在对经济发展的促进作用上。以下例子可以证明。

以日本为例。二战后，日本国内粮食紧缺，燃料也供应不足，没有人用电煮饭。此时设计师设计出了电煮饭的炊具，将日本旧的饭锅与炉具结合起来，以电为能源，创造出全新的电饭锅。这款设计作品是 G-mark 的获奖作品（见图 5-1），运用干净简洁的颜色将米饭的香甜带入人们的视觉联想。"东京东芝电器株式会社在 1958 年推出的由岩田义治设计的电饭煲，累计销售量达到了 1 500 万台。"[①]这样的设计在日常生活上改变了人

图 5-1　G-mark 的获奖作品电饭煲（1958）

①［日］青木史郎：《用什么来推动我们的产业发展？——日本"优良设计奖"之借鉴》，《装饰》2015 年。

们的饮食习惯，也极大地促进了商业繁荣，推动了当时并不景气的经济发展。电饭煲成了日本新时代的标志性设计。

同在日本，二战后杉木的种植范围不断扩大，但由于其硬度不及橡木和核桃木，因此不适合用于家具设计。这张以杉木制作的餐椅（见图 5-2），便以特殊的压缩技术惊艳 G-mark 评审团。此压缩技术不但能增加杉木夹板的结构强度，也利于弯曲塑形，让杉木这个平民材质也能进入高端家具的设计范畴。因此，大量地生产此种材料的家具，不仅实用，适用于日常生活，更能在市场大幅提高此类家具的销售数量。这样的设计产品符合 G-mark 设计奖一贯强调设计的生活感的理念，也是优良设计重视消费者使用经验以及产品便利性创新的体现。

图 5-2　G-mark 的获奖作品 Dining Chair（KISARAGI）2014 杉木餐椅

中国红星奖在促进经济发展的过程中也起到了重要作用。以 2006 年红星奖获奖产品为例。在众多的获奖企业中，"海尔 U-home 整套家电上市后两个月内的销量增长幅度为 300%，成为拉动市场的增长亮点；联想家庭数字娱乐中心作为全球第一款真正意义上的数字家庭产品，曾创单日订货额 2.5 亿元的骄人纪录；康佳 D163 手机是 2006 年国产手机单台销售量的状元，出口销售价格远高于国内；2006 年 12 月上市的 i-mu 幻响音响，两个月的销售量超过 1.5 万台，3 个月内，市场零售价由 588 元飙升至 1 200 元"[1]。

2008 年 9 月，席卷全球的经济危机使许多企业一蹶不振。设计能否克服经济危机是业界关心的问题。如此多的企业正处于危机之中，这一事实对社会、经济和环境产生了巨

[1] "红星奖"展现中国实力：http://c.Chinavisual.com/2007/11/20。

大的影响。然而，金融危机也促使人们反思什么才是重要的。人们需要的是真正提高生活质量的、具有优质品质和可持续性的产品，以证明对这些产品的关注是合理的。这意味着良好的设计正日益成为重要和独特的生活主张，也成为产品销售的关键竞争力之一。质量和可持续性等是良好设计的前提，优秀的设计对社会作出的经济贡献巨大。

（二）推动社会进步方面

帕帕奈克认为，设计师必须认真地关注我们周围这个真实的世界和人们的真实需要。他指出："要来自人，而不是来自设计师的脑袋或公司的决策制订者。当错误的问题被设置后，错误的解决方式就会出现。这些解决方式常常是不人性化的，没有意义且非常的机械。"[1]无论是对第三世界、老年人、残疾人、儿童或是环境，"所有好的设计都是适合的。任何产品都应该适合于其任务的完成，适合于使用者并与其所使用制作材料相适应。它还必须与制造它的工具和过程相适合，与我们的道德感相适合，与一个能源短缺的世界中的生活以及环境相适合"。

从优良设计的角度来看，无论是新材料还是新技术，都必须等待，直至设计师赋予它们一种新的、现代的美感。借助审美处理，最廉价的产品也能够被改造成新的现代奢侈品，最大众化的材料也能够成为精英的材料。

"需要"在20世纪70年代一度成为重要的设计价值取向。社会的需要作为一个重要的主题被引进1975年国际工业设计协会联合会（ICSID，莫斯科召开）的年会。1976年4月，国际工业设计协会（ICSID）在英国皇家美术学院召开了"为需要设计"（Design for Need）大会，说明国际设计界已经普遍认可了设计在当代社会应该承担社会责任，从设计哲学和设计实践的层面讨论了设计对于社会发展的意义。它是设计与社会问题探讨过程中的重要里程碑。世界环境与发展委员会在1987年的《布伦特兰报告》中定义"可持续发展"的概念时也指出其他两个重要的概念："需要的概念，尤其是世界上贫困人民的基本需要，应将此放在特别优先的地位来考虑；'限制'的概念，技术状况和社会组织对环境满足眼前和将来需要的能力施加的限制。"[2]今天，"限制"更加重要。

当今的社会问题还表现在"生存"与"生活"的定义上。环顾四周，许多西方工业发达的国家正享受着极高的平均生活水平，但这并不能消除诸如儿童贫困等复杂问题。因为

① Victor Papanek, Design for Huan Scale, p.91.
②《布伦特兰报告》即世界环境与发展委员会组织撰写的《我们共同的未来》，中译本为王之佳、柯金良等译，夏堃堡校，吉林人民出版社1997年版。因该报告主持者为挪威首相布伦特兰（Gro Harlem Brundtland），故而得名。

"真正的生存""正常的日常生活"以及"功能性的经济生活",彼此有着很大的不同,这些问题不能混为一谈,它们虽然相互关联,但遵循的是各自的具体法则。德国魏玛时期的政治评论家库尔特·图霍夫斯基(Kurt Tucholsky)从20世纪初就有这样的智慧思考:"全球经济是相互依存的。似乎没有更好的方法来描述目前的情况,这种情况在预言和预言之间交替出现。没有人知道未来几年将如何发展。有迹象显示利润下降、工作时间缩短、破产、裁员和停工,但这真的应该导致我们不采取行动吗?如果我们急切地寻找每日的头条新闻,并根据我们的情况来解读它们,难道我们就不会丧失行动能力吗?难道我们不应该跳起来说现在比以往任何时候都要多?"人们已经认识到这个世界的真实问题而不是在鼓吹生存危机,如果到今天还没认识到这些关键性的问题,人们的生活、生存质量只会持续下降。

设计与这些看似没有关联性的复杂问题有什么关系呢?最重要的是它能够帮助我们解决这些问题吗?答案是肯定的。这需要我们从经济和生态两方面进行深入思考。例如,有什么可以帮助设计师和企业利用生产技术创新、工艺优化的方式,设计出对资源有限的世界贫穷地区产生重大影响的产品,如饮用水处理,捕捉清洁能源如风能、潮汐能和太阳能的模块。从设计草图到实现和生产,所有环节有一个共同点:设计,优秀的设计。不是所有的产品都能拯救生命,不是每种设计都能让世界变得更美好。但是我们应该看到,善意创造出的、优质的、深思熟虑的、对社会有价值的产品,可以帮助人们随时随地处理日常生活问题。设计是富有挑战性、最能鼓舞人心的,其前提是"我们必须继续下去",而不是认为"危机已经快要结束了"。

2009年,IF执行主席Ralph Wiegmann就已提出设计的10个社会责任,10年后的今天看来仍然适用:

设计应当肩负(甚至)更多的责任。——Design must take (even) more responsibility.

设计应当以更具体的方式展示其能力。——Design must illustrate its skills in an even more concrete manner.

设计应当批评这一切而不是声称知道。——Design must criticize without purporting to know it all.

设计必须参与其中。——Design must get involved.

设计应当在不违反程序的情况下对其进行调整。——Design must moderate processes without violating them.

设计应当清楚地表明它传递的价值。——Design must clearly indicate the values it supports.

设计应当创造特殊的、有远见的事件。——Design must create special, visionary events.

设计应当更有能力对话和学习交流。——Design must become more capable of dialogue and learn to communicate.

设计应当变得更有组织性。——Design must become more organized.

设计必须停止抱怨。——Design must stop complaining.

从 2000 年开始，设计界发展出"绿色设计"的倡导，这对设计的事前干预引导作用不容小觑。很多设计奖项也开始将环保的、可持续发展的概念融入其评审标准，意在引导生活、生产方式的合理化发展。设计奖项促进社会的进步，在于它如何解决倡导的生态与环保问题。这些在 IF、G-mark 上经常被提及的生态议题之所以被讨论，其主要目的在于让人们从生态角度考虑能源效率和减少耗材使用并创造新的产品。通常来说，短生命周期的消费品行业并没有真正地面临生态问题，由于全球市场的压力，行业创新周期变得更短，也使得人们无法从生态角度思考能源效率或减少材料的使用量。医疗行业、建筑行业和工业行业则在生态保护方面取得了一定的进步。这些行业更关心能源和水的消耗以及材料的使用情况的原因在于，这些行业中的产品具有更长的生命周期，在生态技术方面加大投入能够获得更大的收益；也可能是更长的产品使用周期导致生产方有更多的时间将生态技术发展成果应用于产品的研发上，以提高产品的生态质量。

加强与设计产品相关的环境保护工作，不仅意味着对各国家政策的响应，也意味着工业和社会更早地适应了可持续性概念。设计的社会价值是 21 世纪社会批评与反思的关键内容。设计必须通过促进无害生态产品的开发、生产和销售来应对这一挑战。这里的标准必须包括使用生态友好的原材料和资源、节约材料投入、非排放产品和生产工艺、耐用性、易于维修以及产品和部件的可回收性等。因此，设计不能仅仅要考虑技术、功能、经济和外观，也要考虑生态因素。

现在，我们生活的世界面临着很多问题，设计和优秀的设计奖项必须积极应对。例如，援助并协调自然、气候，最终使我们的后代能维持适宜的生活环境，仅仅通过排放经济给予短效补偿是不够的。而这仅仅是众多问题中的一个，需要能够产生激励作用的设计产品来解决。在考虑面临的问题时，还要从根本上改变对工业生产每一细节的认识。例如，在信息时代基于通信技术做设计时，人们通常会产生一些理所应当的想法，如通过电子邮件节省纸张、减少商务会议减少温室气体的排放，但这些对环境的影响微乎其微，并且离初衷相距甚远。所以，如何更好地解决问题，需要好的设计。人们对世界的认知从来不是免费的，也没有明确的认知范围，但是随着时代的发展，人们对环境危害和正在发生的变化的认知与以往大不相同。例如，对于使用计算机的后果，尚未在全球范围内引起人们的重视。数据显示，2000—2005年，仅美国计算机中心消耗的能源就翻了一番，但这并没有得到人们的重视。所以，为智能虚拟化和可视化创建良好的应用才是恰当的解决方案。如何更好地解决能源效率问题，即使在概念阶段，设计者也要参与其中。目前，许多被认为本应使生活和学习变得更容易的技术成果仍然是复杂的、难以使用的，因此实际上，无论是在资源还是精神和时间方面来讲都是浪费的。

弗里德里希·威廉·尼采说："机会是每一项发明的关键，但大多数人不会遇到机会。"这说明，在任何情况下，机会都不意味着无目标或任意性。它需要相关人员具有洞察力和设计力，才会有优秀的设计作品出现，才能让人对环境做出公开和恰当的反应。每个优秀的设计团队都应该保持这种能力。

对社会的责任感和对于生态的思考早在21世纪初就被放入设计奖项的审标准，与设计的权重相当。以下案例足以论证设计奖项对于社会的价值贡献，特别是对今天关于生态和发展的思考更具启发性。2000年，共有225种产品被纳入IF生态设计奖，超过了往年，其中生态和设计的权重相等。在萨克森州乐透基金会的再次支持下，IF生态设计奖的前三名获得了总计60 000马克的奖金。3名获奖者中的制造商和设计者各获得50%的奖金，这体现了他们成功的共性。前三名产品涵盖所有生态奖作品的类型，主要满足对可再生能源、可持续利用以及资源高效利用的需求。获得第一名的是"真空太阳能收集器"（vacuum solar collector）（见图5-3）。它是一款通过智能美学的方式宣传合理使用能源的产品，因为其利用已经开发的有效新概念来解决传统太阳能收集器出现的问题，引领了太阳能的发展趋势。目前，制造商已经率先大规模引进这项技术。毋庸置疑，这符合生态奖设立的初衷。第二名是采用高质量耐用材料（木材、铝和皮革）制作的都市快轨"Metropolitan Express"（见图5-4）。它不容易受到破坏，数年后仍能保持良好的外观，借此鼓励搭乘汽车的乘客转而搭乘火车，是应对未来交通流量问题积极而恰当的解决方案。获得第三名的是"Eyelight Clip In"（见图5-5），作为市场上的创新产品，其镜框设计不使用任何机械零件，减少了材料的使用量无须焊接的制造流程，具有独特的灵活性和耐用性。

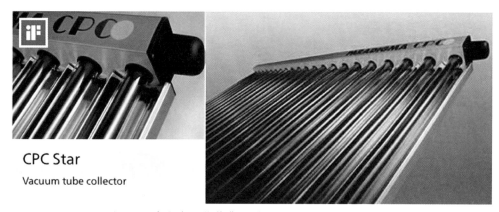

图 5-3 真空太阳能收集器（vacuum solar collector）

图 5-4 Metropolitan Express

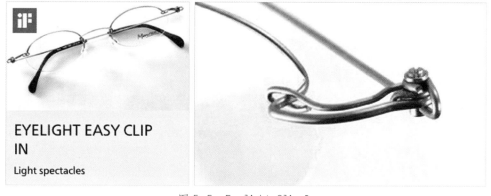

图 5-5 Eyelight Clip In

G-mark 奖对于社会发展的思考也从未停滞，G-mark 组委会执行理事长青木史郎一直强调，"优良设计奖是一场运动，挑选只是一部分，我们跟生活者一起考虑，希望用设计来推动社会更加美好"。目前，G-mark 和亚洲各国和地区展开合作，每年 4 000 多个应征的作品有中四分之一来自亚洲地区。很多中国的设计师积极参加这项运动，也取得了很好的效果。这种设计奖项鼓励的早就不仅仅是单一形式上的创新，更多的是如何解决社会中人与环境和谐共存的问题。例如，日本战败之后，住宅都被烧毁了，需要砍伐树木来建房子。这就需要确保木材的充足供应。各种树木中，生长较快的是杉木。日本一家规模较大的木材加工企业，就花了 20 年时间开发了能把木材压缩的技术，进而加工成家具，其压缩率达到 70%。利用这种商业价值链，通过压缩低价值的杉木来解决社会问题，也是一个高社会价值的体现。

设计奖项与社会的相互作用中最重要的是推动社会进步。优良设计奖已有 60 多年的历史，大约 90% 的市民认识这个标志，可见其在日本的公信力很高，认知度也高，民众对于这个奖项寄予很高的期望。人们支持和坚持正确价值观的引导，相信获奖的企业和设计作品是行业领先的，其质量有保证，可以为他们的生活带来便利。在近 60 年优良设计奖信任度的积累过程中，无形的社会财富价值加强了有效的品牌力量，促进了其对社会文化价值体系的更好衡量和评判。它已不仅仅是有效、有益的社会财富，更逐步成为社会发展的基础。

在引领社会健康发展方面，G-mark 的一些获奖作品可以证明。

1998 年，评选活动由民间组织接手承办后，Good Design Award 的评判趋势也发生了改变。评委们已经开始深入研究社会价值，更加偏向那些有助于社会发展的设计作品，而不再局限于设计基本要素。因此，1998 年后的设计作品更加强调对社会责任感的诉求，这点在获奖的汽车品类中显现得最为突出。在资源有限的情况下，日本汽车企业更加注重汽车的环保、便捷、小巧，几乎所有的日本车企都得过这一奖项。例如，铃木公司的纯正四驱车吉姆尼（见图 5-6）在 2008 年获得了 G-mark 的特别奖"常年畅销产品设计奖"。该车既能在越野路面行驶，也能作为公路车辆，特点是"体积小""车身轻""力量强"，获得"在提升品质和性能的同时，不断提高轻量化、燃油经济性和环保性等贴近时代的性能"的评价。

图 5-6　吉姆尼 G-Mark 特别奖"常年畅销产品设计奖"（2008）

图 5-7　三菱的 i MiEV 电动车

又如，2006 年，三菱的 i MiEV 电动车（见图 5-7）获得 G-mark 大奖。这也是 2006 年之前 50 年内首获 G-mark 奖的微型车。这款车积极思考和应对社会发展变化，给出自己的解决方案，在倡导可持续、清洁能源与节能环保中贡献了自己的力量。

三、普世的教育意义

目前，教育领域对于设计类别的划分相对固化，也比较独立，如平面图形、数字媒体、产品服务、时尚和媒体设计等，各个方向都有设计专业。在日常工作中，随着设计专业划分越来越细，我们更需要树立全面的教育观。现在，设计不再是类似政府性的指导方案，贸易全球化也需要设计必须符合国际标准。不同的文化、语言和基础设施也为全球设计师的工作设定了严格的标准。换句话说，设计教育的国际化是必要的，设计在商业中变得越来越重要。设计师也被公认为顾问和研发人员，没有人再质疑他们的能力。这肯定是各种设计中心和组织持续推广设计的结果。毋庸置疑，人才是未来任何行业竞争的真正资本。不过，在颁发很多设计奖项的同时，也凸显了我们缺乏对未来人才持续培养的问题。

在培养设计专业人才方面，国际设计奖项通过交流、支持青年项目等多种方式，不断激发本国乃至世界性年轻人对设计的兴趣，提高他们的设计能力。设计在几乎所有产品创作领域都有影响力。从概念探索到市场研究和制造过程的微调，设计师或设计团队以各种直接或间接的方式做着贡献。其他学科同样可以为设计师的工作作出巨大贡献。从这一点上看，设计者不应该被视为创作任何一部分的"拥有者"，而是一种更灵活的资源。设计师应该能够在其他专业人士之间自由移动，自由表达独特的设计观点。设计最终的成功在很大程度上取决于公司文化以及设计师如何与各领域的创意人员合作。最好的创作文化是一种可以根据需要灵活运用良好的管理开展跨学科、跨领域合作的文化。

提高公众的审美认知，也是设计奖项社会价值的体现。IF 设计奖协会章程第 2 条"协会宗旨"中的第 4 小条指出，除了举办展会、论坛、比赛外，最重要的就是"提高公众的设计意识"。可见，设计奖项可以提高公众的设计意识，培养大众审美能力。IF 成立的设计人才公司是一个非营利的公司，运营费用都是来自 IF 的支持者，意在帮助年轻设计师（无资金、无法做事）、设计专业学生找到相关工作，如加入某个设计室。

在日本优良设计奖项发展过程中，主办方不断定义的"好设计"也包含其对未来设计师乃至未来设计人才储备上进行的深刻思考，最终目的为实现设计的"共享"，推动社会全面、整体发展，建立良性循环设计生态圈，不断创新并推进设计人才成长。

G-mark 获奖者、2010—2014 年间担任 G-mark 奖评审副委员长的日本知名设计师佐藤卓先生，创立的一个非常受儿童欢迎的设计教育节目"Design"「あ（Ah）」，对提高民众的设计审美意识起到了广泛而关键的作用。关于设计对大众的教育，尤其是儿童教育上，他的见解很中肯："Design"「あ（Ah）」是日本 NHK 国营电视台推出的一档儿童节目，其中的「Ah」，是日文学习中的第一个音。这是一档为儿童设计的教育节目，通过物体拆分理解、动作逻辑分析、日常问题思考、设计师访谈等方面的内容，向儿童介绍设计的入门知识，以全新的角度诠释日常中儿童对于设计问题的理解，在动态影像中分析常见之物。

从儿童的行为和心理成长角度来说，儿童是在游戏中学习和长大的。当然，也有人认为，学习设计应该是在儿童掌握语言之后开始的。佐藤卓先生与 NHK 电视台的工作人员探讨了很久以后，认为制作这样一档儿童设计类节目是非常有必要的。为了说服 NHK 电视台的高层，他们做了很多提案，反复沟通后才获得认可。可见，节目的诞生也不是一帆风顺的。从最初有这个想法，前前后后经过 6 年的沟通和准备，这个节目终于在 2011 年首播。

"这个节目并不是让孩子去"学习"，而是希望让孩子觉得设计很好玩，在无意识中获得影响。"这是佐藤卓先生对于节目定位的阐述。"因为儿童并不会做太深度的思考，而是通过感觉的方式去认知世界，所以在说明和解读部分，我也尽量不加任何附加说明。"

节目里会对生活中随处可见的一些东西进行拆解，让儿童了解它们是怎样组装成现在的样子的，对身边的物体产生更进一步的认知。也会有来自不同领域的设计师，如平面设计师、灯光设计师、建筑师、产品设计师等，站在各自专业的角度，用儿童可以听懂的语言介绍自己的工作内容。该节目还衍生出颇受家长和孩子欢迎的相关展览。展览采取空间＋影像的展示方式（见图5-8），墙上放投影，中间的大圆桌上放着各种物品，让孩子们理解圆形和方形、虚拟与现实物品之间的关系。比如，一组展览中展示了从大到小多种规格的寿司，就是为了让观展的大人和孩子们明白"尺度"。设计的最基本尺度，无论是材质、大小、形态，都可以与"尺度"关联。对设计来说，尺度是一件非常重要的事情。

图5-8　"Design"「あ（Ah）」展览

四、各奖项特点

（一）IF设计奖

在2000年的IF设计年鉴上，组织者给出10个要关注IF的理由，其中不乏一些呈现出IF独特之处的理由。

1. IF设计大奖满足越来越多的用户和消费者对他们的投资和购买决策寻求的指导需求。IF标签越来越被视为品牌，意味着产品质量有保证。

2. IF设计大奖的获奖者证明了他们在全球环境中的竞争优势。杰出的国际评委的诚信和从世界各地收到的参赛作品数量，可确保获奖产品展现出极高的设计水准。

3. IF 展览会每年吸引大约 20 万来自工业行业的观展人。

4. IF 年报在国际上发行的数量为 8 000 份，是优秀设计权威信息的来源。

5. IF 积极参与组织全国性活动，如汉诺威博览会的"德国工业设计倡议"。

6. IF 海外展览和研讨会的热门合作伙伴，如在日本举行的关于生态设计议题的展览和研讨会，有助于促进与海外合作伙伴达成长期关系，如日本工业设计促进协会（JIDPA）。

7. 零售商和私人消费者越来越依赖 IF 作为他们了解优秀产品的来源。他们要么注意到产品上的 IF 标识，要么通过 IF 年报或网站了解这个奖项。

8. 来自大约 100 个国家和地区对设计感兴趣的人每年都会点击 IF 网站，超过 60% 的人可以使用英语版本。

9. 越来越多的个人获奖者在广告活动中使用 IF 标志。IF 通过向客户提供普通和个人广告材料来支持这一举措，吸引 IF 的目标群体关注 IF 信息。

10. IF 设定了一些明确的中长期目标。举办 2003 年国际投资争端解决中心会议是一个亮点，已经设法确保这一活动首次在德国举行。自 1959 年成立以来，这一重要会议在世界各大洲都举行过，但从未在德国举行过。能够成功获得举办这次活动的提名，我们感到非常自豪。这次活动将在汉诺威和柏林两个场馆举行。

（二）"优良设计奖"

1. 持续地发展。自 1957 年创建，一直与社会发展紧密联系，促进日本设计产业发展，推动文化价值认同。

2. 评选范围广泛，更加侧重社会发展问题。从最初的产品设计到今天对环境、媒体、服务等新生设计领域的关注，每年都会引入几大社会焦点问题，这些都说明优良设计奖极为关注社会发展领域的问题，关注一切与人类发展相关的事物，将设计看作"人类所有活动"之必需。

3. 最有特点的应该是优良设计奖的相关推广活动。从传统的媒体报道、出版印刷，到现今的展览、博物馆、实体销售店、线上展厅，对民众的设计价值教育起到重要的作用。优秀设计产品与人们的生活息息相关，通过不断组织交流、论坛活动，可培养年轻设计人才。在推广方面，优良设计奖持续、全面、多角度地开展活动，不断深化奖项的价值意义，更是对设计在生活的意义赋予更多的内涵。

（三）红星奖

红星奖的诞生，是中国对设计在社会发展中作用与意义认识提高的重要体现。它是中国最早的设计奖项，也是代表发展中国家设计水平的国际奖项。奖项不仅给中国企业和设计机构提供了施展才华的舞台，更在世界上树立了中国设计创新的形象。红星奖的获奖产品都是由中国企业自主研发设计的，基本代表了中国企业在工业设计领域的最高水平，较为真实地反映了中国工业设计产业发展现状。

红星奖代表了中国设计发展的里程碑，向世界昭示了中国对设计产业发展和知识产权保护的高度重视。同时，积极举办国际合作交流活动，提高众多国家和地区的参与度。这都说明红星奖已经得到认可，更说明红星奖发展之路任重而道远。

2007年年底，部分红星奖获奖产品应韩国设计振兴院的邀请，赴韩国参加2007国际设计展，与德国红点、IF、G-mark等世界著名设计奖的获奖产品一同在世人面前展示。国际设计界普遍认为，2006年设立的红星奖是中国工业设计发展史上划时代的大事。美国工业设计师协会（IDSA）CEO Kristina Goodrich女士说，"中国创新设计红星奖是一个非常有意义的项目，中国在这个关键的时刻推出红星奖是非常适时的，因为它有利于将工业设计推上国家发展的舞台，促进中国设计产业在国际上的发展"。日本G-mark奖评委会主席喜多俊之先生说，"G-mark"奖创立50年才实现国际化，红星奖的组织者也应该坚持循序渐进的发展道路。

作为一种文化力，设计能够填补脱离传统社会关系留下的空白，已在日常生活中起着重要作用。作为展示国力的工具，设计已超越19世纪巨大展厅中展示生产机械的展览，国家认同已在市场中展示。它内嵌在大众媒体中，并成为日常性的体验。设计奖项是设计力量的延伸，是具体的载体与媒介，是设计改变社会的重要方式。

第六章　设计奖项在国家创新体系中的实践推动作用

国家创新体系理论以熊彼特的"创新学说"为基础，发端于 20 世纪 80 年代，成型于 20 世纪 90 年代后期。熊彼特认为："所谓创新就是建立一种新的生产函数，也就是说把一种没有过的关于生产要素和生产条件的新组合引入生产系统。经济发展就是执行新的组合。"他总结了创新发展的 5 种情况："1. 采用一种新的产品（消费者还不熟悉的产品，或一种产品的新特性）；2. 采用一种新的生产方法，即在有关的制造部门中尚未通过经验检定的方法；3. 开辟一个新的市场，即有关国家的制造部门不曾进入的市场；4. 控制原材料或半成品的新供应来源；5. 实现任何一种工业的新组织。"这套创新学说对后来的研究影响深远，学术界几乎所有研究创新的理论都按照这套创新学说展开。[①]

20 世纪 80 年代，美国经济学家克里斯托弗·弗里曼在《技术和经济运行：来自日本的经验教训》中首次提出"国家创新体系"理论。书中特别强调了创新的 4 个主要要素：政府政策、企业、教育和培训、产业结构，认为创新是一种体系行为，由各要素之间互动引发新技术的产生、发展。

国际经济合作与发展组织（Organization for Economic Co-operation and Development, OECD）在报告《以知识为基础的经济》（1996）中指出，"国家创新体系的结构是经济发展的重要决定因素"。1997 年，经合组织对"国家创新体系"的表述加以完善，即现在研究讨论的国家创新体系。"国家创新体系指由参加技术发展和扩散的企业、大学和研究机构组成，是一个为创造、储蓄和转让知识、技能和新产品相互作用的网络系统，政府对创新政策的制订要着眼于创造、应用和扩散知识。"我国学者吴敬琏教授这样解释国家创新体系："国家创新体系的作用，要通过企业、政府和创新人员之间的良性互动才能够实现。关键的问题是要用市场这样一个平台统合、协调他们各自的力量，发挥他们各自的优势。""国家创新系统是一系列特殊的机构，它们共同或分别对新技术的发展和扩散产生影响，并能构建基本结构。在此基本结构中，政府形成和实施的政策会影响创新进程。如此一来，它就是这样一个相互连接的机构所组成的系统，能够创造、保存、转化与新技

---

① [美] 熊彼特：《经济发展理论》，商务印书馆 2000 年版。

术有关的知识、技能和产品。"[1]在国家组织与发展模式中，设计的内在文化要发挥重要的作用。国家通过将设计这种知识经济的政策制订为经济发展前提，促进企业和社会各部门提升自身价值，实现创新发展和价值传播。

设计是"对人与自然的关联中产生的工具装备的需求所作的回应，包括为了使生存与生活得以维持与发展所需的诸如工具、器械与产品等物质性装备所进行的设计"[2]。设计还"指为了达到某一特定目的，从构思到建立一个切实可行的实施方案，并且用明确的手段表示出来的系列行为。它包含一切使用现代化手段进行生产和服务的设计过程"[3]。设计的这些专业特点正好使它成为连接创新与市场的桥梁，是知识经济的重要组成部分。设计概念的重要特点是它处于消费和生产的交界处，具有将消费者的非理性行为与批量生产日益理性化的过程联结起来的能力。综观历史上的设计奖项，它们在所属国区域经济发展和国家建设方面都起到了积极的作用。设计奖项作为国家创新体系中的一部分，也在发展进程中起到推动性的作用。

从 G-mark1957 年设立至今的设计作品中也可以看到技术创新在产品发展中发挥的作用，不仅推动了国家经济发展，更在国家创新体系中发挥着引领作用。通过分析所有的获奖作品，无论它是不是该类产品中的首个作品，每款设计都对积极改变生活发挥着重要作用。这些设计作品还包括反映当时社会科技水平的产品，如 1958 年索尼设计的调频广播"tr-610"（见图 6-1）、2011 年的新干线 Rolling stock N700（见图 6-2）等。这些获奖作品，如今已经成为永恒的设计经典。

图 6-1　1958 年获奖作品：索尼设计的调频广播"tr-610"　图 6-2　2011 年获奖作品：新干线 Rolling stock N700

① Roman Boutellier, *Managing Global Innovation: Uncovering the Secrets of Future Competitiveness*, Berlin: Springer, 2008.
② Laura Slack, *What Is Product Design*, Sheridan House: RotoVision, 2006.
③ Donald A. Norman, *The Design of Everyday Things*, New York: Basic Books, 2002.

第一节 社会的现代化理论对设计奖项的影响

20世纪末至21世纪初,全现代化进程加速,这与设计、优秀设计产品的发展密不可分。设计奖项在国家创新体系中发挥的作用是设计奖项研究中最重要的组成部分。

谈到创新,我们多半想到的是技术创新。但仅仅依赖技术,就足以保证创新的完整和成功吗?设计力创新(design-driven innovation)的概念,最早出现在2006年《哈佛商业评论》上一篇名为《用设计创新》的管理评论中。此后,这一概念逐渐发展为一套完整地诠释全球设计力创新与实践的理论。如今,设计的概念早已不再局限于对形式和功能的讨论中,其概念被扩大,在某些界定中甚至包含所有的创新活动。如国际工业设计联合会(ICSID)这样描述:"工业设计是一项创意活动,目标在于建立物、运作流程、服务及其系统在整个产品生命周期的多面特质。因此,设计是人性化创新技术的核心要素,也是文化与经济交流的关键元素。"很多人认为这种关于整体创意活动的定义太空泛,但不可否认的是设计的价值早已超越造型的层面。目前,企业中最主流的就是设计驱动的以用户为中心的体验迭代改进模式。然而,当公司都采用以用户为中心的设计时,这种做法便失去了产生差异的能力。设计变成必需,但不能保证与众不同。于是,有了第三种设计创新的角度,即创造意义。设计奖项在设计创新中的作用举足轻重,不仅仅是技术与产品的结合,更是公司和国家核心竞争力的原动力。

在社会的现代化进程中,人类社会的几次大飞跃(工业革命),改变了一系列的生产和生活方式(见表6-1)。依托现代化进程的理论框架,可以看到不同时间点与设计事件的因果关系。二战后的20多年里,工业文明发展到前所未有的高度,并不断向农业文明地区扩散。学者们把这种人类从农业文明向工业化社会文明的转移称为社会的现代化,现代化已成为人类社会发展的必然趋势。在这几次重大的社会变革中，存在时间、特征、技术、教育、驱动以及产业这几个关键的转折点，不断被影响、被变革。这些恰恰是支持社会不断前进的关键。

表6-1　18世纪以来工业革命的阶段划分[①]

项目	第一次产业革命	第二次产业革命	第三次产业革命	第四次产业革命
时间	1763—1870	1870—1913	1945—1970	1970—2020
特征	机械化	电气化	自动化	信息、智能、绿色
技术	蒸汽机、纺织机、工作母机	电力技术、内燃机、化工、电信技术	电子技术、自动控制、计算机技术等	信息技术、人工智能等
教育	技能	知识	知识	思维
驱动	工匠	科学家	工程师	设计师、工程师
产业	蒸汽机、纺织工业、机械、煤炭、冶金、铁路等	电力、钢铁、石油、化工、汽车、航空、电信等	电子工业、计算机、核电、航天、自动化产品等	信息产业、电子商务、高技术产业、智能化制造等

第二次世界大战结束后，真正的胜利者似乎并不那么容易界定。欧洲不仅满目疮痍、百废待兴，而且失去了在全球的政治优势，殖民帝国开始崩塌。美国因为战争的巨大需求，工业经济发展达到当时世界的最高水平，成为世界霸主。因为战争刺激，苏联的工业化程度提高，其重工业尤其发达，成为世界第二号工业强国。战前的其他工业强国，如德国、英国、法国和日本等，都遭到重创，美国的帮助使它们的复兴成为现实。其他的参战国和非参战国，特别是殖民地和半殖民地国家，似乎找到了自由发展、建立工业化国家的方向。1946—1970年，世界处于两极分化的状态，美国和苏联并行成为工业文明的标尺，世界经济空前繁荣，世界人均国内生产总值（GDP）年增长率比1913—1950年快了近三倍，欧洲和亚洲增长最快。第二次世界大战的战败国日本和德国，其经济增长最为突出。西欧逐步自立，于1957年建立了欧洲经济共同体，启动了欧洲一体化进程。东欧在20世纪60年代也赢得了较大的自治权。中国的现代化也取得一定的进展。世界开始向多极化方向发展。

此外，我们必须清楚地认识到并非所有人都有创新的想法。好的解决问题的方法是最

① 何传启：《第二次现代化理论——人类发展的世界前沿和科学逻辑》，科学出版社2013年版。

重要的，但有时会与对高科技的追求相悖。设计师必须不断扩展视野，以有意义的方式将不同产品领域融合在一起，预测技术或市场能否成功。这就需要他们有正确的理解。最终，设计师需要设想各种场景，让人们更准确地理解价值是如何在复杂的融合机会中传递给客户和公司乃至整个社会的。

随着产品大量进入成熟市场，充满独特性且引人注目的解决方案不断涌现，这让生产者和设计师面临越来越大的挑断，需要持续提供卓越的创新设计。人们需要认识到，具有复杂的、不太引人注意的细节的卓越设计，也能为产品的成功提供巨大贡献。市场有很多机会发现新的长期经典和具有热门趋势的产品，恰是技术、创新上的提升，大大提升产品成功的概率。人们如何继续使用这种技术，以更快的速度在其他方向上发展，也成为被关注的问题。随着规则的改变，新的想法、社会兴趣和机会也会不断涌现，促使着设计的创新，也不断衍生新的设计。随着设计和创新的不断发展，着眼于未来，设计总能帮助民众保持正确的发展方向。

第二节　知识时代的科技、产业与设计奖项的必然联系

一、工业文明社会的科技发展与设计奖项的关系

现代工业文明发端于18世纪的英国。随后，这种新兴文明势不可当，向各大洲迅速扩散，越来越多的国家和人民加入工业文明洪流。19世纪末，大西洋彼岸的移民国家——美国超过英国，成为工业文明的领头羊。

科技发展与工业化进程密不可分，工业文明发展会促进新兴事物的发明与创造。设计奖项不仅回顾与肯定了这些优秀的、具有引领性的产品，更是积极跟进，努力在科技与设计发展中发挥重要作用。19世纪以来电信技术的发展，20世纪初的物理革命（相对论和量子论革命），已为知识革命奠定了良好基础。两次世界大战也刺激了科学技术的发展。二战后，以美国为代表的西方工业强国和以苏联为代表的计划经济国家都加大科技投入，形成较为完善的国家创新系统，大大加快了科技发展速度。电子计

算机的发明、原子能的合理利用、航天技术的开发、分子生物学和生物技术的深入研究等，都促进了高新技术产业的发展。这些都为知识时代的到来作好了准备。

20 世纪 70 年代是知识时代的发端，美国是知识革命的发源地。1969 年年底，世界上第一个计算机网——阿帕网在美国建成。它把斯坦福大学、犹他大学、加利福尼亚大学洛杉矶分校和圣巴巴拉分校联结起来。这是互联网的开端，也是网络化的起始。1971 年，美国英特尔公司推出世界上第一个微处理器产品——整台电脑都在一片芯片上。微处理器的发明和发展，引发了个人电脑革命，并改变了许多工业部门和产品的特性。1975 年，美国人比尔·盖茨和保罗成立世界上第一个微型计算软件公司——微软公司。软件的发展使计算机变成电脑，具有了更广泛的功能。1975 年，第一台个人电脑上市。信息革命第一次浪潮开始席卷全球。

20 世纪 70 年代以来，工业国家的经济比以往任何时代都更加依赖知识的创新、扩散和应用，知识成为提高生产率和实现经济增长的发动机。知识产业的产值和就业增加最快，计算机、电子和航天等高新技术产业以及教育、通信、信息等知识传播和知识型服务业，发展更为迅速。OECD 统计发现，国家研究与发展经费占国内生产总值（GDP）的比例达到 2.3% 左右，教育经费占政府支出的 12%，职业培训投入占国内生产总值的比重约为 2.5%，知识型劳动者供不应求。知识的创新和传播改变着经济结构。

二、创新型社会中知识特性与设计奖项的关系

从大约公元前 3 500 年文字的发明开始，知识的创造、传播和应用就在不断影响和改造着人类的生活。随着知识的日积月累和传播技术的快速发展，知识的重要性与日俱增。20 世纪中后期，工业发展逐步形成一场文明进程的变革——知识革命，并在发达、工业化程度较成熟的国家迅速展开。它表现出以下几大特征：第一，计算机的发明和应用，使信息处理能力得到显著提高；第二，科技飞速发展，出现了高新技术产业；第三，知识经济成为国家经济增长的重要部分，甚至超过其他经济贡献的总和；第四，知识劳动者数量增加显著；第五，产业结构明显变化，以知识产业为代表的产业比重增大；第六，教育普及和传播技术提升，学习的途径和方法有了本质的变化。其中，比较关键的产业结构变化导致设计不断创新，出现跨学科、跨领域发展趋势，并在不同产业间发挥协调整合、全程参与的作用，其重要性日益凸显。普及教育的方法也有本质的变化，体现在

创新型社会中，设计奖项对于人才的储备与培养不再局限和单一存在于以往的学院中，它会帮助年轻设计人才，为他们提供培训、交流的机会和平台，进而增强国家的创新力。设计奖项带来的经济效益也是国家经济增长的重要组成部分。

美国著名社会学家丹尼尔·贝尔在 1973 年这样描述新知识经济时代的特征："1. 经济方面，从产品生产经济转变为服务经济；2. 职业分布，专业与技术人员阶层处于主导地位；3. 中轴原理，理论知识处于中心地位，它是社会革新与制定政策的源泉；4. 未来的方向，控制技术发展，对技术进行鉴定；5. 制定决策，创造新的'智能技术'。"[1]贝尔的思想代表了 20 世纪 70 年代很多学者的观点。人们大致可以断定，知识时代的大致时间是从 1970—2100 年。从 1970 年算起，我们目前已走过知识时代的前 50 年。

通过简单回顾近 50 年的科技变化，再找出同期诞生的处于领先位置的创新设计，可以看出两者的紧密关系。比如，1982 年阿帕网与计算机科学研究网络实现互联，科研人员可以拨号进入对方网络和发送电子邮件，这标志着互联网的诞生。1989 年，欧洲的粒子物理实验室第一次提出万维网（World Wide Web，WWW）的概念设想，意图利用"浏览器"软件自动查询信息。知识时代进入发展阶段的标志是 1993 年美国政府建立了国家信息高速网，其雏形就是互联网。美国国家信息高速公路的建设，就是要发展新一代互联网络，全面解决互联网的带宽（速度）、质量、保密和费用等问题，形成通信网络、计算机网络、数据库和电子用户设备的无缝连接网，进而实现计算机、电视机和通信设备的数字化统一。将来，不论人们生活在什么地方，都能通过信息高速公路获得所需的东西，如消息、个人电子图书馆、虚拟办公室、电子购物、最好的学校、教师、课程、最佳的医疗服务、俱乐部、虚拟旅游等，人们的生活和工作方式将发生永久性的改变。资料显示，1997 年，全球互联网用户突破 1 亿，2000 年超过 4 亿，2010 年达到 20 亿。同期在设计方面，索尼提供了另一个"重新解释"所熟悉的网络的例子——文件搜索工具。在这里，摄像机的眼睛不用于拍摄"我"或"与我交谈的人"，也不用于让"我们"拍摄录像带。相反，相机处理搜索任务成为一种工具而不是媒介。它可以识别一种模式，用于标记文件或访问历程，这些技术有助于普及电子设备和虚拟网络世界。这是一个有着无限前景的行业趋势，交互设计也将基于此经历一场革命。

在信息科技快速发展的知识经济时代，定义好的设计不再仅仅是传统意义上的外在形式与功能，更多的是内在服务与体验。好的设计不会突兀地出现，而是应运而生、相

---

[1]贝尔，高铦、王宏周、魏章玲译：《后工业社会的来临——对社会预测的一项研究》，新华出版社 1997 年版。

时而动。比如，当下若新媒体提供的信息过多，并有可能覆盖人们实际需要的信息时，就要发挥设计的引导作用，帮助人们甄别什么是有用的，不会分散注意力并可以准确、高效地获得必要的信息。通过设计的事前干预、系统化协调，可以让用户知道他需要什么，有意识地决定下一步该做什么、该采取什么步骤。常见的误解是，功能意味着较少的情感，但这不一定正确。比如在交互设计中，优秀的设计一定会仔细解释按钮在图形、颜色、设计和功能方面的细节，通过满足情感诉求来变革用户服务。因此，在知识经济下的创新设计中，功能不再是唯一特别需要预测的事物，它只是一个给定的事物。

在人类文明发展的各个阶段里，工业时代中，知识最为重要。因为在这个时代，知识的创新、传播和应用等都会有颠覆性的变化。分析知识在现今社会的特点及与设计奖项的关系，可以发现以下变化：

一是知识创新逐渐从生产活动中分离出来，成为职业。科技人员即从事知识创新活动的人员，是知识创新的主要劳动者。科技活动是知识的主要来源。设计师在知识创新中扮演的角色日益重要。

二是由于当今知识传播范围史上最广，知识产业随之形成。新媒体和自媒体成为知识传播快速、高效的有力助手。从业人员主要包括教师、设计师、记者、作家等。

三是知识推动社会进步。知识越来越是创造财富、促进经济发展的重要因素。社会的进步也可以理解为知识创造价值，价值促进发展。知识不仅能够创造财富，更是社会进步和文明发展的主要动能。设计尤其是优秀的设计，在推动社会文明进程、引领价值观的提升中，起着关键的、颇具意义的作用。

四是知识结构体现在交叉学科的出现，很多学科不再局限于传统意义上的单一研究范围，而是需要交叉研究、系统化理解，如设计。在奖励与标准的制订中，设计奖项的各品类已经打破常规的单一功能限定，更多的是将交叉学科的多角度创新、系统性协调的设计方法与设计创新过程作为奖项奖励的目标。

五是数据与信息的重要性日益凸显。有意义的数据不仅是知识资本，更是数据资本，还可以转化为经济资本。设计奖项在设计学科和社会发展中不断变革，其优秀作品的数据与资料对于观察社会发展、研究与经济的关联、建立人才培养专业教育模式都具有重要的指导作用，更可以成为国家发展战略的重要数据资源。

所以，在这样的背景下理解具备创新性的优秀设计，不再仅仅关注有实用性的产品，而是更加关注消费者的感受与意义，即消费者使用产品时的深层心理与文化动机。所谓企业或国家的创新策略，不再是变更一项产品的功能，而是大幅改变产品的意义。创新的最终目的在于创造意义，而意义可在市场上创造差异和价值。

经过设计奖项认证的产品，一般会影响消费者的购买行为。在创新型社会的背景下，设计奖项可以从设计的专业角度判断哪个产品优于同类，并提供充分的理由阐述优秀产品的优势。设计奖项可以让消费者在纷乱的市场中多一个判断的依据。未来将是科技至上的创新型社会，应对和引领这样的社会发展是设计师面临的最大挑战。设计奖项可以梳理过去，继往开来，基于先进的社会科技发展形势，以批判性的视角反思优秀产品如何在市场经济效益之外更加善待人性与发掘生活本源。

三、设计奖项对科技发展的驱动作用

（一）设计是技术和文化的桥梁

实践表明，科学发现转化为生产力的时间日益缩短。照相机从发明到应用经历了100多年，电话为50多年，原子能为6年，晶体管为4年。美国国会的调查报告显示，从科学的发明、发现到实际应用，所经历的时间在20世纪初为35年，两次世界大战之间为18年，第二次世界大战后则为9年。当前，很多科学发现转化为实际应用的时间更短，如结构生物学的发现很快就转变为能够治疗疾病的药物。

知识时代，科技快速发展，甚至可以预想人类未来的生活方式发生以下变化：

其一，网络空间成为人类生活的"新家园"，继物理宇宙空间之后成为人类生活的第二空间。在物理空间里，今天，人们可以通过电子设备随时进入网络空间且人们在网络空间的逗留时间越来越长，活动越来越多，包括办公、科研、购物、查资料、治病、订票、开会讨论、上学上课、看书看报、旅游探险、看电影和电视、发表论文和观点、推销产品等，以往你在物理空间的许多活动如今都可以在网络空间里完成。

其二，人体的体外再生和体外生殖将成为现实，人类将获得三种新的"生存形式"，即网络人、仿生人和再生人，人类将获得某种意义上的"永生"。

其三，数字化技术和通信技术发展，计算速度、网络速度和储存技术提高，人们可随时随地获得所需要的知识和信息。

其四，人工智能大显身手，越来越多的工作岗位被智能机器人替代。

其五，文化产业发展，情感、思想、设计、方式等将商业化。[1]

① 何传启：《第二次现代化理论——人类发展的世界前沿和科学逻辑》，科学出版社2013年版。

也许可以通过 20 世纪中期以来一系列的发明来对照思考技术的进步与设计改变人类生活方式的共同作用：

1946 年，第一台电子计算机在美国问世。

1947 年，美国学者肖克莱等发明了晶体管。

1947 年，发明移动电话——步话机。

1953 年，美国 IBM 公司开始批量生产第一代电子计算机。

1962 年，IBM 生产出第三代集成电路电子计算机。

1965 年，美国学者摩尔提出摩尔定律：计算机芯片性能每 18 个月左右提高一倍，同时产品价格迅速下降。

1969 年年底，第一个计算机网络在美国诞生，当时它只有 4 个网点。

1971 年，英特尔公司发明的 4 位微处理器产品正式上市，宣告集成电路新纪元。

1971 年，发明电子邮件。

1973 年，发明移动电话——手机。

1975 年，一家美国公司以 8 位芯片为基础设计了第一台微电脑，它就是后来的苹果公司。

1975 年，美国人盖茨和艾伦为微电脑开发出 Basic 软件程序，成为电脑软件的行业标准。

1981 年，IBM 公司推出个人微电脑（笔记本电脑）。

1982 年，英特尔推出 286 芯片。

以上都是科技在 20 世纪飞速发展的见证。20 世纪 80 年代，什么事似乎都是可能的，一切都可以。当时的汽车电话和传真扩展了通信范围，苹果公司的 Apple Macintosh 标志着在当时甚至无法预测的计算机革命的开始。计算机将面临来自许多即插即用设备的竞争，这些设备能比计算机程序更好、更安全地处理任务。在这种情况下，交互设计将发挥关键作用。"任何事情都会发生"，持续了很长一段时间，只是现在它变得更加个性化。在过去几十年中，随着知识的共享和所获取信息的增加，人们越来越多地从整体上审视事物的起源、历史和背景。

创新产品也在彻底地改变着这个社会与人们的生活。我们正在处理一种不同的、全新的、定性的产品拓展意图。1984 年，英国电子乐队 Depeche Mode 就唱出"不同的人有不同的需求"。到了 21 世纪，人们比以往任何时候都有更多不同的需求。然而，他们似乎有一种隐秘的渴望，那就是对生活统一、完美的态度，意识到个人只是整体的一部分，不然怎么解释这种已经在消费者眼中通过某种专业认可的优秀产品就是市场上的主要热门产品呢？至少在时尚和生活方式方面是这样的。从 iPad 作为永久必备产品到拥有新一代的手机和香奈儿的"513黑珍珠"指甲油，这一系列的优质创新选择，使得所有年龄组女性不假思索地就会购买。2012 年的冬天，几乎每个人都穿着 UGG 靴子。EKO 雪橇由于其智能并强大的塑料设计，甚至允许 3 个成年人从积雪覆盖的山坡上跑下来。这些前沿的产品还包括液晶电视、MP3 播放器和汽车，以及 DVD、书籍和 CD，它们都是消费领域中优秀的创新型产品。

未来几年，真正的创新将涉及跨媒介。不是每个网页设计都考虑到这一点，但是他们往往在技术和图形上形成吸引人的解决方案，对用户实际情况的关注不多。比如，用户在一天的什么时候，在什么条件下，会坐下来购物？在不久的将来，跨媒体在这方面将变得越来越重要。今日，计算机已经分解为用于处理特定应用和高度差异化任务的单个设备，如移动电话或个人数字终端。

正如 20 世纪 80 年代的斯通蒂所说："未来将是我们塑造它的方式！"

（二）技术是需要被思想驱动的工具

1993 年，尼尔·波兹曼在《技术：文化向技术投降》（*Technology:The Surrender of Culture to Technology*）一书中表达了他对技术霸权的忧虑。"一种技术一旦获得承认，它就会按设计好的方式去发挥作用。我们的任务是了解那一设计是什么，也就是说，当我们让文化接纳新技术时，我们必须睁大眼睛。"这段话也道出了设计师面对的挑战，他们要在技术与文化之间发挥重要的桥梁作用，使技术"文化化"。

科技往往是双刃剑，运用时要有理性的判断、价值的引导。所以，优良设计是正确使用科技、推动社会进步的最后一步。没有优良设计参与其中，科技也许会成为危害人类的武器。在与人工智能的竞赛中，人类必须变成创新型学习者，懂得如何合理利用科技创造和谐的生存空间，否则将被"没有人性"的机器无情替代。

核裂变带来巨大的能量，也给人类的生存带来隐患。哈伯制氨法导致合成肥料的出现，大大增加了粮食产量。制氨方法的发明者弗里茨·哈伯（Friz Haber）获得了人们的称赞，认为他帮助数十亿人免于忍饥挨饿。他也因此获得了诺贝尔奖。但同样是他，引发了化学战，在第一次世界大战期间负责监督释放氯气，造成 6.7 万人伤亡。[1]事实就是这样，未

---

① Dietrich Stoltzenberg, *Fritz Haber: Chemist , Nobel Laureate, German, Jew : A Biography*, Philadelphia: Chemical Heritage Foundation , 2004.

来犯罪研究所创始人、安全专家马克·古德曼（MarcGoodman）指出，一些网络安全技术被黑客所用，也被人们用于防御黑客进攻。古德曼写道："最原始的技术——火可以被用来取暖、烹饪食物，也可以焚烧邻近的村子。"[1]在电报发明后充满奇迹的那个世纪，新鲜事物的冲击成为常态：从缝纫机到安全别针，从电梯到蒸汽轮机，人类不断向前进步，技术的发展速度经常超出我们的理解范围。基因工程是会治愈癌症，还是将成为廉价的大规模杀伤性武器，没有人知道答案。正如摩尔定律展示的那样，技术是根据指数定律发展的，最终只是工具，除非被人类的思想所驱动，否则就是无用的静止之物。

四、知识经济下产业结构与设计奖项的关系

《韦氏词典》将"知识"定义为："通过实践、研究、联系或调查所获得的关于事物的事实和状态的认识，对科学、艺术或技术的理解，是人类获得的关于真理和原理的认识的总和。"人类已经处于知识占据主导地位的时代，知识产业成为经济和社会的核心，并对农业、工业和服务业的发展起着关键作用。物质文明进步不再是社会进步的唯一标准，非物质文明知识产业带来的社会进步成为主流。人类生活的方方面面无不打上知识的烙印。知识社会逐步成为人类社会进步的方向，人类正在从现实社会迈向理想社会。

设计奖项在知识产业中处于什么样的位置呢？《产业经济学》中这样解释与定义产业："产业是社会分工的产物。可以说迄今为止，凡是具有投入产出活动的行业和部门都可以列入产业的范畴。"[2]"产业不仅包括生产领域的活动，也包括流通领域的活动；不仅包括物质生产部门的生产、流通和服务活动，也包括非物质生产部门（服务、信息、知识等）的生产、流通和服务活动。"[3]所以，从这个意义上讲，设计奖项的组织机构、展览机构、教育培训机构，必然属于大知识经济背景下众多产业的一个分类。设计奖项在运营与发展过程中自身形成产业，并与其他产业也能发生紧密的关系。

"从产业角度而言，产业化是指形成产业的产品、服务或其活动从不具有产业性质（或状态）逐渐转变到充分具有产业性质（或状态）的全过程；同时也包括形成产业的产品、

① Marc Goodman, *Future Crimes: Everything Is Connected, Everyone Is Vulnerable and What We Can Do About It*, New York: Doubleday, 2015.
②史忠良：《产业经济学》，经济管理出版社 2005 年版。
③ Stephen Martin，The *New Palgrave Dictionary of Economics and the Law*，New York：Blackwell Publishers，2001.

服务或其活动从较少具有产业性质（或状态）到较多具有产业性质（或状态）的过程。"①
新型产业通常分为以下三大类：第一产业为物质产业，包括农业和工业等，以满足人们的
物质需要为目标；第二产业为知识产业，包括知识的生产业、传播业和服务业，以满足人
们的精神需要为目标；第三产业为服务产业，指为人们工作和生活提供服务的产业。新分
类方式显示了在知识时代新产业的特征，突出了知识创新和应用与经济互为动力的社会发
展模式。知识是资本的主要来源，对经济增长的贡献率日益提高。

设计隶属工业化环境，必然与工业化的特征和运行方式有关，需要遵循工业化体系运
行的原则和发展思路。工业化进程有动态发展属性，使得设计必须适应时代的发展，所以
设计在不同时期的内涵和外延是工业产业进程在不同层次的深入、丰富和发展。广义和狭
义的工业化内涵，对应对工业设计广义和狭义的理解。通常，狭义的工业设计以满足整体
性、系统性需求为目标，相对应的工业设计成果就是产业化进程中获得的知识与方法；广
义的工业设计，是实现人与自然相互作用的连接与平衡，表现为产品形态（包括实体产品
和虚拟产品等）。

所以，在知识经济背景下，产业与设计的关联更为密切，设计就是知识经济产业中的
一部分。

"当你伸出双手，触摸下身边的物品，不管摸到的是什么，有一点确定无疑，它一定
是设计的产物。21世纪，我们日常生活中的大部分物品，大都经历过设计的修饰和创造。
然而，我们清楚设计是什么吗？如果让10个设计师去解释他们的工作，你将得到10个
版本的设计定义。"20世纪60年代末，科学家赫伯特·西蒙（Herbert Simon）和设计
师维克多·帕帕奈克（Victor Papanek）都曾提出"人人都是设计师"的理念。②

知识产业包括知识生产业、知识传播业和知识相关的服务业。高速发展的科技和对精
神知识的需求是知识产业的两大主要发展动力。数字化多媒体技术和网络的发展，学习方
式的变革，都是促进知识产业发展的因素。知识传播业包括教育、培训、信息产业、文化
产业等。

在知识经济社会中，人们越来越注重产品的内涵，即包含在产品中的知识、信息、价
值、思想等，而不是产品的物质载体。产品的价值越来越多地取决于产品的内涵，有些产
品的物质价值相对其内容价值（非物质价值）低到可以忽略不计。例如，多媒体光盘的价

① Roger Sugden，*Industrial Economic Regulation*，Oxford: Taylor & Francis，2007.
②［英］约翰·伍德：《论时间和正在缩短的"设计未来"》，《装饰》2012年第3期。

格主要取决于光盘记录的内容（如软件、电影、电视、游戏或知识等）的价值，而光盘本身的制作成本几乎可以不计。人们将这种价值主要取决于产品的内容而不是物质载体的产业称为内容产业。这种以物质为载体的内容产业是非物质的，经济的非物质化趋势将不断增长，成为知识经济的一个显著特点。同时，知识和技术进步提高了物质产品的生产和传播能力，标准化生产的物质产品价格将迅速下降，其市场占有速度和占有率则迅速上升。市场的文化价值优势和产品的文化内涵将决定产品的成败，生产厂家的创新能力和文化取向则是企业成功的基础。

第三节　设计力创新

"自主创新是指一个国家在不依赖外部技术的情况下，依靠本国的力量独立开发新技术、进行技术创新活动，即摆脱技术引进方式下对国外技术的依赖，依靠自己的力量所进行的原始创新。"[1]回到设计的独特性，从词源的本义来看，设计代表"赋予事物意义"。设计不仅是创造漂亮的形式，更可以预期使用者的需求和心理，提出新愿景和意义。赋予事物意义的方式，与我们的价值观、信仰、规范与传统息息相关。如果一个人认为拥有一辆宝马越野车很棒，那是因为在他的社会语境中，大体量、昂贵的产品获得推崇。如果一个人喝咖啡时要手工研磨豆子，喜欢机械动力顺畅好用的咖啡研磨机，或许是因为这样的产品能触动他们内心潜藏的要成为"工程师"的愿望，产生操控与体验的感觉。任何事物都有意义指向，不受限于特定产业或市场类型。有人认为意义只与时尚产业有关，实则不然，服务同样具有意义。比如，麦当劳改变了速食的意义，星巴克改变了咖啡馆的意义。Airbnb 在空间上的互换，使人们在家之外也有可逗留之处。人类毕生都在追求意义，"赋予物品意义，运用物品表达自身经验"，可以说是人

① Clayton M. Christensen，*Harvard Business Review on Innovation*，New York：Harvard Business School Press，2001.

自然的创造行为。

1989年，研究产品符号学的克劳斯·克利本多夫（Klaus Krippendorff）提出：设计是制造某种东西，并以符号让它与众不同，界定这个东西和其他东西、物主、使用者之间的关系。设计与其他创新形式真正的不同之处，在于能改变消费大众原本赋予产品的意义，进而促成意义创新。今天，设计师以使用者为中心进行设计，已经效率很高，他们追求更刺激的挑战，在突破性的技术机会出现时，发挥设计策略师的角色。

创新，可以是渐进式创新，也可以是突破性创新。创新本身就存在于人类的思维中。人们或许会认为，这些根深蒂固的思想会随着时间的推移而不断变化，就像昆虫物种缓慢地进化，以在特定的环境中能够生存。但这并不是思想体系变化的方式，甚至不是生物体进化的方式。"一段相当长的稳定期过后，会出现外部环境巨变而引发的剧烈动荡期，无论是政治变革、新技术出现，还是此前稳定的生态系统出现新的捕食者。"[1]这些变革并不美好，进化生物学家称之为"物种形成的时期"。[2]不得不提的是，我们正处在大变革时期，生态系统正在发生巨大的变化；或者说，我们正处于艰难的生存时代，要避免让自己陷入下一场大灾难。

创新的形式逐渐多变。如今，创新的力量来源从以往的单一专业人员逐渐向大众共同创新转变。大众依托媒体的快速性形成更大规模的创新力量。比如近年来的维基百科，这是始于自发的网络媒体、由人类共同创造的知识集合。"据考证，从《不列颠百科全书》到维基百科的出现，与百科全书权威的专家团队相比较后，维基百科的作者们是出于公益目的自发写作的读者群体。2005年，《自然》（Nature）杂志发表的一项研究表明，二者在质量方面相差无几。自此之后，人类社会便见证了维基百科的稳步发展。它不仅能够及时更新信息（重大事件的爆发、两个敌对的政党之间产生分歧），而且还能引发不同意见，促使人们思考，并最终就信息的呈现达成共识。"[3]

上述创新模式已在设计领域出现并使得独立创作者开发复杂的消费产品成为现实，这在21世纪初以前是无法想象的。随着这种趋势的加剧，我们可以期待小型初创企业和个人设计师生产出更多的新型硬件产品。随着创新成本持续下降，那些以往受垄断者、当权

① Daniel Smihula, "The Waves of the Technological Innovations.", *Studia Politica Slovaca,* issue 1,2009, pp. 32-47; Carlota Perez, *Technological Revolutions and Financial Capital: The Dynamicsof Bubbles and Golden Ages*, Northampton, MAEdward Elgar Publishing, 2002.

② Frank J. Sonleitner, "The Origin of Species by Punctuated Equilibria", *Creation/Evolutionourna* 17, No.1,1987, pp. 25-30.

③ Jim Giles, "Internet Encyclopaedias Go Head to Head", *Nature* 438, December 15, 2005, pp. 900-901.

者排挤或被迫退出的组织可以重新组织起来，成为社会文化价值建构和生产创新的积极参与者。这一创新文化使得每个人对彼此、对世界都有些许责任感，与制定政策、法律的当局相比，可以创造出更持久的变化。

仔细分析使用者的需求，进而改善产品，这种以使用者为中心的设计，可视为一种市场拉力的创新，是一种渐进式创新类型。然而，过去数十年的创新研究证明，突破性创新虽然有风险，却是长期竞争优势的主要来源。它可以借助突破性技术使产品性能大幅跃进。如照明产业中极为普遍的 LED，源自 1920 年半导体二极体电激发光能力的研究。技术突飞猛进虽然给产业带来巨大的冲击，但更能带来长远的竞争优势。

此外，还有一种突破性的创新是设计力创新。这是一种"意义"的激进式创新。消费大众不是购买产品，而是购买"意义"。设计力创新认为，新的意义和表达方法能够博得大众的喜爱。这种创新流程具有一定的深度，隐藏于市场洪流中进行深层运作，不受表面小幅波动的影响。设计力创新具备一项明显的优势，即可创造生命周期较长的产品（见图6-3）。

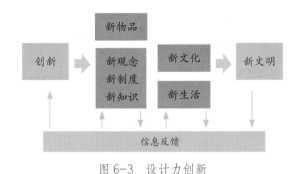

图 6-3　设 计 力 创 新

设计力创新的核心就是驱动企业寻找新的文化典范，创造人们的新生活范式，从而推动社会创新与进步。为了找出新的意义，设计师不能局限在现有的社会文化体制内提出愿景，而是要退后一点，研究社会、经济、文化、艺术、科学与技术的创新。设计创新类公司会寻找与社会文化现象一致的新可能性，或者说寻找能栽种出花朵的种子。公司要着眼于全局，而不是单一的使用者。一旦公司太接近某类使用者，就会关注他如何更换产品，完成物品的单一创新，却忽略了认知与社会文化脉络。

创新不只关注技术和效益，更重要的是持续关注新技术对社会整体的长期影响，同时尽可能地理解人、社会和环境之间的关系。知识经济时代以前，人们创新时通常主要考虑个人利益与企业利益的问题，如"这个东西能给我带来什么？我如何用它去赚钱？""然而，创新者不用考虑生态、社会和互联网的影响而去开发新产品和新技术的时代已经过去，未来驱动创新必须考虑到创新潜在的系统影响。我们运用这个策略，可以保证未来的创新对我们生存的多种自然系统有积极影响，或至少是不好不坏的影响。"[1]

所以，设计力创新必须是一个整体的、系统的过程。创新渗透到流程的各个环节，从原材料采购开始，包括研发创新活动、影响工程和产品的外观创新、使用友好性和应用创新。创新设计还必须与公司的营销和销售战略相结合，兼顾到与设计、技术、功能和盈利能力相关的方面，重要的创新因素还存在于处理和回收环节。

第四节　设计奖项的新发力与新内涵

"工业化的本质是专业化分工或生产组织方式的变化。专业化首先是'人的专业化'，即劳动力不断从低素质的'全能选手'向较高素质的'专门人才'转变。专业化其次是'物的专业化'，具体又表现为产业专业化、区域专业化、产品专业化、工序专业化等各个层次的专业化。工业化的过程就是这种专业化分工不断深化的过程。"[2] 设计专业人才在设计奖项的刺激鼓励和企业发展需求的推动下，可以不断衍生出新的创造力与文化内涵。设计虽受制于市场，但作为消费者、市场和工业之间的媒介，它处于一个有趣的位置。当设计的对象为消费者时，说明有产品被消耗了，也有产品被使用了。如果一个产品被消耗了，它一定是生命周期短的令人不如意的产品。这种消耗与使用之间的差异，可以从公司和它们在市场上的存在感受到。如果一家公司称购买者为消费者，那么它的制造过程和产品所基于的理念是不同于那些视购买者

---

① ［美］伊藤穰一、［美］杰夫·豪，张培、吴建英、周卓斌译，爆裂：未来社会的9大生存原则，中信出版集团2017年版，第229页。

② Kanhaya L. Gupta, *Industrialization and Employment in Developing Countries*，New York：Routledge，1989.

126

为用户的公司的。只有销售对象为"用户"时，企业才能够从人的角度思考问题，而设计创新的角度决定了产品设计的方向。

在IF奖60周年的年鉴中，IF奖执行主席Ralph Wiegmann开篇即总结了过往60年奖项的发展情况："这60年中，回顾生活中的设计，可以通过参观IF的在线展览来发现，我们的生活几乎没有偏离60年前。许多设计要么保留了过去的风格，要么又变得时尚起来。当然，有些设计是永恒经典的。同时，IF奖中的每个产品都包含了创新和发展，这种创新和发展的品质甚至存在于机构的发展中。这种力量不仅是行业机构的动力，也是在过去几十年中IF奖项不断分享经验和信息推动了创新。IF奖项看待事物的方式，正如现代主义大师经常说的那样，只有一件事在设计和建筑中是肯定的，那就是——'我们必须改变世界'。"

在过去几年里，不仅仅是设计师的工作方式得到了社会全新的认识，他们的劳动成果也得到了重视。这种社会重要性主要基于经济发展、社会稳定和文化的支撑性而形成。设计师的工作方式，最近被称为"设计思维"的方式，是观察、理解、定义创造力、提炼、执行和学习的结合。因此，设计是一个多学科、跨学科并不断发展的过程。未来的设计不仅仅体现在形式和功能上，也将由我们理解的设计来定义。问题是：即使生态和经济方面是社会价值的组成部分，技术在多大程度上可以被社会所包容呢？设计师的职责是通过产品创新和差异化为产品赢得竞争优势。然而，这不应该仅仅包含美学特征。相反，设计是一种跨学科的桥梁和整合方式，需要整合到产品开发过程中。因此，设计师必须作为从第一次的市场、定位分析，到产品概念及其开发、制造技术、价格、分销和沟通等所有环节的共同决策者而不仅仅是整个过程所有阶段的顾问。

通过研究设计奖项的发展与标准，发现很多设计产品缺少真正的创新。这可能是因为这些产品已经存在，人们对它们很熟悉，在历届的设计作品评选过程中，大多数评委只看到了单一技术的优化而非创新。同时，也很少看到创新的制造过程或方法在特定产品中被应用。以浴室为例：一些令人惊叹的、美丽的水龙头装置呈现出极好的形式美感，浴缸采用了新的形状和材料，但没有什么可以称得上是"真正令人惊奇"的设计。因为在这些设计中，我们没有看到一种新的实用的设计方法，而是仅仅限于形式美感。也许回顾一下产品发展的历史会有所帮助。在今天看来理所当然的每一种产品的设计过程中，设计师必须反复做出影响未来发展的决定：为什么是"A"而不是"B"？例如，人们最初坐在地板上，日本人仍然坐在榻榻米上，现在我们坐在地板上的椅子上。也许，旧的方法更健康，因为日本的老年人比西方人更灵活。关于椅子的设计也许经历了几个阶段的抉择。目前，一些设计师正在设计新的形式,如跪椅。这种本质上思维的创新、方法的创新才是设计力的创新,更是设计奖项鼓励的真正意义上的创新内涵。

一、设计奖项的批评价值

"人的本质不是单个人所固有的抽象物,在其现实性上,它是一切社会关系的总和——马克思《共产党宣言》。"人不仅有自然属性(如利己心、同情心、追求个人利益最大化等天性),还有思维属性(如语言表达能力、思考能力、判断能力等)与社会属性(如归属感、群居等)。设计的本质是为人服务的,是要帮助人类解决问题,与社会联系紧密。

"盛景"(spectacle)一词来源于居伊·德波的《景观社会》。法国思想家、情境主义代表人物德波在《景观社会》,书中控诉了消费主义,认为"发达资本主义社会已进入影像物品生产与物品影像消费为主的景观社会,这种盛景已成为一种物化了的世界观,而盛景本质上不过是以影像为中介的人们之间的社会关系"。这对现实具有深远的批判性意义。

旧时通过劳作控制人的工业资本主义,已然进入通过闲暇和购物控制人的盛景时代。盛景社会宣扬并引诱大众从消费商品、身份、情感直至我们自己,因为我们已经不需要那么多生产者,但生产出来的大量的昂贵的物品总得有人购买,于是会被铺天盖地的广告所吸引。盛景社会控制人的法宝就是商品图像在社会生活各面向上的"全景式传播",使得我们仿佛进入完美而虚幻的世界,身边的每一幅影像都会激起内心深处的欲望。无论在地铁、电梯间还是移动终端上,泛滥的消费呼唤包围着每个人。但这种生活是真实存在的吗?这样无畏的消费、无理智的冲动是正确的吗?物质生产发达的今天,一整套消费社会的世界观,在大众传媒的作用下,广泛地影响着这个世界。看上去是在生产商品的劳动者同时具有了消费者的身份,实质上却也成为被消费的对象,他们作为商品的价值在于实现景观社会中生产与消费之间的循环。

现在,我们过度地消费商品甚至自己。网上的很多商品鼓吹是"明星同款""淘宝爆款",广告里铺天盖地地呈现千人一面的女性修图后的照片(见图6-4),这些消费狂欢下的形态千篇一律,无差异,毫无个性。这是社会健康发展和大众真正需要得到的吗?利益永远是商家追逐的终极目的。商家可以巧立名目、花样翻新地刺激消费,抛弃对环境可持续发展应承担的社会责任,很多设计也逐步沦为商业的奴隶。美国设计理论家维克多·帕帕奈克（Victor J. Papanek，1923—1998，见图6-5）在他引起巨大反响但在当时受到业界嘲讽甚至抵制的"不合时宜"的著作《为真实的世界而设计——人类生态学与社会变迁》（*Design for the Real World: Human Ecology and Social Change*，见图6-6）一书中提出了"设计应该有自我限制的观念"。他批判了商业社会中仅仅以营利为目的鼓励消费的设计，反复强调"设计师应该对社会和生态变化担负起责任"。帕帕奈克对于设计师的自我责任意识、社会道德意识提出更高的要求。社会发展到21世纪的今天，这种自我限制设计价值观早已被验证，也成为设计行业最基本的道德准则，即设计要看到这个世界真正的需求。

图 6-4　女性修图后的图片

图 6-5　维克多·帕帕奈克

图 6-6　《为真实的世界而设计——人类生态学与社会变迁》

设计奖项越来越关注社会的价值取向问题，试图找到真正的社会发展问题并提供参与平台，让发现问题的人们共同参与建设社会文明，推动社会进步。如 G-mark 大奖"焦点问题"的设立，每年都有 10 多位专家基于各自领域关心的问题与发展方向，提出有关进步与发展的中心议题。这些焦点问题提供了让普遍社会问题成为良好设计机会的可能，尽管这个观点可能是新的。通过对比 2015—2018 年的焦点问题（见表6-2），可提取出"环境""未来与教育""技术""生活美"这样的关键词。它们反映了近几年由于社会发展需要设计师思考和应对的关键问题。因此，奖项更广泛地应用设计思想、观点和方法，将它们与特定主题的知识或活动联系起来，以便促进社会发生积极的变化。正是有了这种思想的指导，G-mark 奖项每年推出 10 多个焦点问题。通过对这些问题的讨论，阐明了未来社会和日常生活中人们应该采取的形式，促使每个人和整个社会都必须关注这些焦点问题。同时，这些焦点问题是当前急切需要解决的，也是良好设计必须关注的领域。G-mark 提供了一个平台来识别特定的能够拓展到的设计领域，利用设计师的敏锐探索更充分的设计潜力。

表6-2　G-mark 大奖的焦点问题（2015—2018 年）

	年份			
	2015	2016	2017	2018
问题	1. 为今天和明天设计良好的社会和学术课程	1. 环境、大自然的祝福和威胁	1. 工作风格的改革：新工作风格支持明日英雄	1. 改变工作方式
	2. 使城市处于齿轮和连接社区	2. 在人口下降的情况下照顾当前的基础设施	2. 好的设计中创造力的四个方面	2. 培育地域性
	3. 在气候变化的时代，为社会提供弹性设计的潜力	3. 社区和地区，恢复活力的地区	3. 当地社区的培养，多变的时代，人要足智多谋	3. 改善社会基盘
	4. 设计的真正价值将通过灾难传达	4. 医学和健康领域的良好设计	4. 社会基础设施的发展，社会表观遗传学	4. 活用技术
	5. 先进医疗和社会保健	5. 安全与安保声音设计的安全性	5. 重新发现生活方式——人类和技术共存的生活方式	5. 改革学习
	6. 诱人的设计，为了内心的平静和安全	6. 教育与设计的联系	6. 建立欢乐的社会，能够打开心灵和思想的设计	6. 发掘生活价值

年份			
2015	2016	2017	2018
7.信息/通信设计的普及和新的资金及制造	7.商业模式和工作方式，不需要做工作，而是要实现新的角色	7.通过设计，先进的技术会引领人类的未来吗？	7.描绘共生社会
8.有远见的设计，有助于建立未来	8.文化、民主的日常美学，邀请关怀	8.安全保证：可靠的连接	
9.社会资本/开放架构，将这些点连接起来创造新的价值	9.信息社会中人类和技术的控制回路		
10.重新设计我们学习和继承知识的方式			
11.在任何人都能设计的时候，用灵感改变世界			
12.生命的文化/生活方式，设计在不断变化的工业景观中的作用			

（最左侧竖排："问题"）

通过对焦点问题的对比分析可以看到：日本的设计首先是立足本国国情，站在当下，放眼未来，通过设计师和不同领域专家的共同探索，意图促使整个社会共同发展。几乎每年的焦点都会聚焦"环境生态""人与技术""日常美学"与"设计的教育"几个大概念。这些是目前人类需要共同面对的问题，但也因各国历史条件不同，其解决办法存在差异。这对于我国设计奖项明确导向、完善作用、调整机制、衡量作品，都是值得学习和借鉴的地方。

二、设计奖项加强设计的体验感

媒介的变化为设计的不断优化提供了可能。无论变化为何种媒介，设计对社会的影响无处不在。我们很难充分体会和感受到设计的力量，因为每天都生活在充满设计的环境，衣食住行被五花八门、良莠不齐的设计包围着。这种体验感犹如身临其境般地浸没其中。"浸没"一词在很多艺术门类中出现过，如话剧、影视作品。先锋实验话剧和影视作品在探讨人性或意图给观众带来发散性思维、开放式思考的观感时，常常用到浸没这种形式。浸没是一种手段，是想通过不同接受者在自我参与和全程体验中给出的不同反馈，达到因人而异的个性化定制。浸没不仅仅是用户参与整个过程，更是个体独特感受的集合。在科技迅速发展的今天，大数据的运用实现了不同个体体验的数字化，对其整理分类，可再次反馈到更加细致的设计服务中去。今天的设计也引入了"浸没"这样的概念。所谓浸没式设计，是指定义视觉空间和叙事类型可提供最高的回归，让用户的参与、记忆、互动及创造形成非常有效的互动，将用户完全包裹在感官和信息等空间里。

2015年优良设计金奖作品"成田机场第三航站楼"是当年对未来社会设想与设计引导参与体验生活的最好作品。当年的G-mark奖继2014年追求"舒适好用又高质量"的生活设计后，不仅思考设计在现代社会扮演的角色，更力图寻找建构未来生活和社会的设计元素。2015年的主题是"未来社会特别需要进行设计的领域"，包括地区、社会、能源、防灾或灾后重整、医疗福利、安全、信息交流、先进科技、开放系统、教育、商业模式和生活文化12项指标。

成田机场第三航站楼是搭乘廉价航班者（low-cost carriers，LCC）专用的地方。设计团队在低成本条件下，仍然打造出极简、易懂的视觉效果及设计，完全颠覆传统的航站楼空间。在有效的预算中，设计团队不仅要顾及设计美观，还要考虑到搭乘廉价航班使用者休息、候机的需求，因此设立了坐卧皆宜的坐具。另外，虽然没有预算设计平面电动步道但却利用显著的红线跑道迎接抵达的乘客，蓝线的部分则是引导乘客出发的路径。它由MUJI与party设计公司合作完成，最初设计时就考虑到将旅客置入情境化的空间。因为要节约成本，这个航站楼没有传送带，设计师就将跑道的概念引入机场候机楼。旅客出行时虽然拖拽行李箱相对不便，但在跑道上通过，也增加了很多类似比赛的乐趣。其采用的蓝色和绿色，体现了运输行业的便捷与快速，增强了空间上方向、距离和指示的明确性。日本品牌MUJI的坐具也出现在成田机场第三航站楼，400张蓝、绿可坐卧的供旅客休息的坐具，美食街的自然系原木餐桌椅，都是浸没设计的精彩呈现，发挥引导、参与、体验、互动的作用（见图6-7）。

随着数字时代的到来，这种实景式体验逐渐演化成虚拟的、可交互的情境体验。今日，大数据带来的是更多层面的触点浸没。设计师用设计思维关注情境（真实或虚拟的）呈现的问题，并把设计的价值交给用户，让用户在浸没体验与消费的同时，帮助设计师完成再设计。这种快速迭代的浸没式设计由设计师和用户在数字媒体的作用下共同完成。用户也完全参与到设计中去，成为体现设计价值的重要角色。

图 6-7　G-mark 获奖作品成田机场第三航站楼内部设计

三、设计奖项可改变社会

未来，本能需求将不再是最重要的，科技的进步减少了以往人类本能需求所需的物理空间，人类的精神需求所必需的物理空间也会逐渐变少，因为虚拟感知已将可视化的世界无限放大。设计奖项在社会发展的前瞻性和引领性上发挥了重要的作用，通过判断与预设未来发展趋势，引领社会变革，创造智慧的生活方式。

综观人类历史，每次科技革命都拉近了不同阶层人群的距离，人类平等的趋势日益凸显。科技加速前进，这是人类文明的需要。人类要求平等的愿望是不可阻拦的。科技进步带来设计形式的变化，产品不再是简单的生活用品或商品，它某种程度上已是所处生产关系中的一个"系统"。优秀的产品形象诉说着我们是谁、如何生存，以及彼此之间的不同。优秀的产品是企业活动的载体，也是人类精神文化的投射，更是人类主体的客体化。

未来，随着媒体与科技的发展，自媒体、多媒体时代"看""用""体验"的视角也会发生变化，设计的思维与方法也会有所不同。个体成为设计环节的参与者，也是设计的分享者。媒体的小分享需要设计的系统化大分享。在设计的整体运转环节中，对所有因素的考量都要由原来的交易思维模式转变为服务思维模式。也就是说，产品的使用性与用户不再是短期交易，而是转变成长期的伙伴关系。系统化、可持续的设计发展到今天，已经从传统的研究具体产品向关注用户关系总效用上转移：服务价值上升；产品功能价值弱化——产品的任何功能必须服从客户价值；企业价值由内向外转移；产品质量更多地向用户感知质量转移；体验价值和创新成为设计的核心。

未来社会的产业也会随之改变，社会分工将以智能化、理念化的创造型劳动为主体。正如《连线》杂志编辑、社会趋势研究专家丹尼尔·品克所说："在财富、科技、全球化的大力推动下，人类从农业（农民）、工业（技术工人）、信息社会（知识工作者）逐渐进入理念社会——创造社会价值的设计者、创作者、模式辨认者将成为主角。"未来社会产业趋势的转变体现在以下几方面：

1. 从以功能为主的生产向以设计为主的生产的转变。工业化大生产带来的流水线式的标准化、数量庞大的同质化，并不能满足未来用户的需求。这时的产业需要设计赋予其独特风格和更有差别的内涵。

2. 产业不仅仅要有概念，更要会讲故事。情境的共融使用户更容易沟通，也更愿意接受设计提供的服务。

3. 专业的模糊。跨界的不仅是设计师，更有艺术家、商人、工程师，因为各行业之间的横向联合与协作才能更多延展大服务设计系统，全面助推社会产业升级。

4. 从逻辑向同理心的转变。一贯僵硬的、缺少弹性的工作会逐渐减少，重复性的工作会由人工智能替代，懂得生活、有幽默感和同理心的工作会得到充分的拓展。这种行业以思维创造为价值，体现了设计者和创造者的品格与深度。

优秀的设计能够改变社会，是社会关系的反映，承载了社会的信息。它不仅仅要传递信息，更要准确传达信息。设计师要理解社会，从而设计出符合社会需求的作品，让人们可以在设计中发现社会问题。从设计中找到问题、甄选问题的方法都来源于社会。设计本身既是理解社会的依据，又是社会变革的引领，甚至文明发展的推动力。了解社会结构，关注社会矛盾，倡导合理、智慧的生存方式，是设计与社会最完美的衔接方式。

未来分享经济下的设计核心之一，就是着眼于人与人之间的情感和行为的相互沟通、相互作用。用户只有在共享产品时才能体验产品价值、发挥产品功用，所以，用户体验应该是全面的、整体的、多触点的，在各个环节共同作用于用户，使用户体验服务产品质量的改进。设计的价值，早已不局限于传统的餐饮、酒店等老旧概念中，更多的是新能源的共享，金融客户端的实时交易，以及保险、医疗中以人为本且减碳环保的精简解决方案。

同时，科技将助推多触点设计，设计被迭代式改进，形成市场竞争优势。为此，我们可以充分利用互联网的优势，形成设计的核心价值：关怀、使用和响应。并将设计的无形变有形，实现体验、价值、意义的一体化，从而推进社会文明进程。在未来分享经济环绕下，媒体的变化似乎会对传统设计造成一定的影响，但日本设计师原研哉对此却这样解释："新旧媒体并无差别，设计不隶属于媒体，而是探寻媒体的本质，媒体的情况越复杂，设计的价值越清楚。"新技术不是取代旧技术，在某种程度上，是新的容纳了旧的。设计有其自身的内涵和外延——发现、分析、判断和解决人类生存发展的问题，不应深陷科学和艺术之争。

设计力创新将会带来很大的利益，但对这项隐性的创新源泉，仍有许多公司视而不见。这些公司忽视了产品的意义属性，或不认为意义可作为创新主题，仍然依循现有的市场概念改善产品性能，而使其他具有远见的公司提出新的意义获得了竞争优势。意义的创新，往往不需要企业太紧密地跟随用户需求，而是需要退后一步。多数公司并没有和设计诠释者建立关系，因此在激进、创新的运作中置身事外。设计力创新揭示了创新的发展方向，意义驱动的创新需要有远见的、战略的投入和独特的愿景。1986 年，Artmide 的卡洛塔·德贝威拉卡说，"目前每家以市场为导向的公司都了解设计是一项优势，所有公司都能运用设计创造优势"，"在我看来，这种对于设计的诠释，是对设计抱持'美食家式'的想象，它是肤浅的调味，让业界的料理更可口……但只要环顾四周，便可发现这种矮化设计的看法会造成什么后果：典型的例子出现在汽车产业，所有车子看起来是一样的，鲜少散发情感和独特意义"。以设计力创新为主导策略的公司，如 Artmide 与其他竞争者的差异，并不在于是否进行以使用者为中心的渐进式创新，而在于是否投入意义创新：定期寻找具有颠覆性的新意义。

原研哉指出："设计将人类生活或生存的意义，通过制作的过程予以解释。设计的落脚点侧重于社会，解决社会上多数人面临的问题，是设计的本质。在问题的解决过程中，产生人类共同感受到的价值观或精神及由此引发的感动，就是设计的魅力。"

设计奖项的设置，经典设计作品的获奖，在这样一个社会，不仅仅是解决人们生存层面的问题，更是要引导人们更理智地选择。设计应该引导人们从消费商品、身份乃至自己的异化，发展至分享服务、情感的健康且可持续的生存方式中来。"一切坚固的东西都将烟消云散"，这是马克思对于现代社会文明的解读。这样一个裹挟科技与商业进步的时代，似乎将社会带到了文明冲顶的状态。承诺要无穷上升的现代文明，已经触及现代社会生态灾难、能源危机的玻璃穹顶。在不断回溯设计发展传承、反省设计各时期局限性、坚定未来设计发展目标的同时，也应看到设计在社会精神层面担负的责任，让它在今天这样的共享经济社会里，更好地完成服务民众的使命，让设计服务于有形，更服务于无形。设计可以在科技发展的空间里积极地创造更多的文明价值，让人类的生活空间更加健康、合理，引领人类的思想进步，不断创新和突破已有的生活观念。

通过优秀的作品，设计更能分享、服务、改变社会。所以，设计奖项的新内涵还应包括逐步完善奖项的外延，实现其与具体产业的结合。如导师智库的完善，将律师、投资方、制造者、媒体等多专业人才集合起来，形成导师团队，完成奖项中优秀产品的进一步落地优化或转化。又如，奖项辅导机制的完善，设计奖项的发力需要政府的扶持与帮助，需要依靠政府资源弥补有些单靠市场无法解决的问题。

第五节　设计奖项的价值测度

设计奖项属于知识创新，结合产业发展，可产生社会效益和经济效益，属于知识经济的一种形态，所以，测度其价值，可以依据知识经济的测度方法来分析。想要分析知识经济的测度方法，首先要明确知识经济的特点。在很大程度上，知识的特性及与经济的相互作用，决定了知识经济具有其自身固有的特点。知识是人类智慧的结晶，具有很多独特的性质，与经济相关的主要特性如下：[1]

其一，知识没有统一的单位，在应用上也不等价。由于知识是非具象产品，没有统一的基本度量单位，所以，不同的知识形态，有不同的测度单位。即便相同的知识，在不同行业和不同人看来仍具有不同的应用价值。这是知识经济测算的困难所在。

其二，知识的生产成本很高，并存在较高风险。随着科技的发展，现代知识的生产成本呈现出上升趋势，任何与知识相关的研究都具有很大的不可预测性。

其三，复制知识和学习知识的低成本。随着信息技术等的发展，知识生产出来后，复制成本很低，传播效率也

---

① 何传启：《第二次现代化理论——人类发展的世界前沿和科学逻辑》，科学出版社 2013 年版。

很高，学习和获取知识的成本很低。

其四，知识资本的稀缺性是知识的另一个特点。知识资本包括存在于人力资本中的人力知识资本、存在于产品技术和服务中的物质知识资本和存在于活的知识中的知识。产权方面的知识包括具有知识产权的知识、知识产权过期的知识等。虽然活的知识普遍存在，但人力知识资本、物质知识资本和知识产权是有限的，也是稀缺的。

其五，经济价值总量有限和剩余价值递减。知识的人力资本价值随着人口增加而增加，直至旧知识被新知识取代，旧知识的价值被转移到新知识中去为止。知识的物质资本价值基本是一定的（除非发现该知识的新用途），所以知识的经济价值总量是有限的。随着知识的应用和向其他知识载体的转移，旧知识的剩余价值逐步减少。

由于知识经济具有以上 5 个显著特点，所以，测度设计奖项的经济价值基本可以参照知识经济在经济范畴的测度办法来操作。但目前看来，由于知识经济属于一种经济形态，它以知识产业中知识的生产、传播和服务为基础，与农业经济、工业经济和服务经济一样是国民经济的重要组成部分，所以，测算知识经济的价值即便在今天的经济学领域仍然是一个难题。

一、知识对经济增长的贡献不宜测量

人们都能理解并深刻感受到知识对经济增长的贡献，但要真正解决知识对经济增长的计量问题，目前在经济领域似乎并没有很好的办法。技术进步理论、人力资本理论、新增长理论或知识增长理论等在解决这个问题上取得了较大的进步，但还不足以实现知识经济测算的精确性与标准化。资料显示，"20 世纪 80 年代以来，发达国家知识和技术进步对经济增长的贡献率达到 70%"。经济学家也在不断探索把知识和技术更加准确、有效地纳入经济发展理论和经济增长模型的方法。

二、知识经济占国民经济的比例不明确

因为还没有知识的测度单位，知识和信息产品的非物质性决定了它在市场交换中的行为方式与物质产品大相径庭，人们对此的认识并不充分。OECO 在《以知识为基础的经济》

中指出，"传统的国民收支账目框架是在经济相对简单、知识和技术的作用尚未被充分认识的时代设计的"。目前，尚没有比较成熟的方法来测算知识经济。

三、知识经济的测度指标较模糊

依据知识经济的测度指标是可以判断设计奖项的测度指标的，其至少包括 3 个层次：知识资本（设计资本）指标、知识生产率（设计生产率）指标和知识产业（设计产业）指标。

知识资本（设计资本）主要指知识（设计）存在的方式，共有 3 种：一是固化在人脑中的知识，属于人力知识资本（设计师等人力资本）；二是固化在产品、技术和服务中的知识，简称物质知识资本（设计产品）；三是活的知识，包括具有知识产权的知识和知识产权过期的知识（设计服务）。3 类知识及知识资本需要分别测量。设计奖项褒奖的优秀设计，虽然大部分是基于市场开发与应用的，得到了用户的检验和认可，但存在于产品或服务中的知识（设计价值）并不能准确地从产品剥离出来进行测量。

知识生产率指产出与知识投入量之比，就像劳动生产率是产出与劳动投入量之比、资本生产率是产出与资本投入量之比。测量知识生产率面临的主要困难是没有统一的知识测量指标和对知识价值的深刻认识。我们不仅要测量知识对设计师人力资本和固化在产品（服务）内物质资本的贡献，还要测量其对生产率的贡献，这通常比较难做到。

综上，设计奖项能够带动优秀设计的产生，奖励优秀的产品和服务，积极地促进企业销售，从而提高经济效益，这是毋庸置疑的。但是，由于设计产业的特殊性，它基本秉承了知识经济的所有显著特点，所以在测度设计奖项的经济价值时，还没有最准确的方法。这需要设计界、经济学研究领域的人共同研究，以期探索出科学、合理的解决办法。

结　论

第一节　设计奖项在创新型社会中的思考与启示

一、从红点 2018 中国失信事件看设计奖项的公信力与价值导向

2018 年 4 月 7 日，人文清华公众号推送一篇名为《红点奖是商业机构来骗中国人钱》的文章。此事在设计圈中迅速产生热议，直至几个月后，仍在各大媒体的公众号、微博、微信朋友圈中持续产生涟漪效应。原文的主要内容来源于清华大学美术学院的柳冠中教授接受本校人文清华栏目采访时所说的话，尤其是在回答记者提出的国外奖项在中国的现状等一系列问题时发表的看法。其中，"国外某奖项是骗中国人钱的"这样的话语尤为让人警醒。排除人文清华文章作者有些想吸引受众注意力的因素，完整看完采访视频后不难看出，柳冠中在发表该论断时并没有否认大多数国际奖项在推动设计与社会发展中的积极作用，也没有批评年轻设计师和学生勇于尝试创新、希望得到国际认可的态度。正如柳冠中所说："面对红点奖之类的奖项，中国设计界应当保持平常心，没有必要去针锋相对，参展参评一切照常。但是，政策上不应该向它们倾斜，中国政府不应当给办这种奖项的私营企业办公经费、办公地点上的待遇支持。招展、招商以及经营是自由的，在市场经济的环境下没有权干涉，但是不应当给予过量的优惠。"

对于目前中国有些地方政府、行业内部某些领导盲从国际奖项的现象，是时候要提出质疑的声音了。事实上，我国一些地方政府的确存在片面提升国外设计奖项地位的

问题。例如，在某省政府对于获奖单位的奖励办法中，承诺对获得红点奖的单位或个人给予30万元奖金（详见附录4）。因为，目前在中国能拿到这个奖的单位和个人已经很多，所以不需要再给予如此高额奖金的奖励。但能否看出某些地方政府对国际奖项的盲从与对本土设计价值的不自信呢？

"红点"失信也有自身原因，不仅仅是因为奖项含混、数量庞大，参赛费、推广费昂贵也是重要原因之一。对比2017年IF和红点奖的比赛投稿流程（见表1），可以看出，在评审大项目、获奖后的推广、官网收录几个类目中，红点奖的收费明目和额度都高于IF奖项。尤其在获奖作品的推广这一最重要环节上，红点奖的推广费用高达5 995欧元，与IF奖的最高推广费用为2 700欧元相比，是后者的两倍有余。

表1　IF与红点大奖收费对比

类别	奖项	IF		红点	
	项目	产品类别	其他类别	佳作/红点奖	红点最佳设计奖
参赛	报名费	340/450/490 欧元	250/375/425 欧元	270/350/450 欧元	
评审	评审费	/		/	
	未发表评审费	/		/	
	评审展示费	/		尺寸L（超过1立方米）：50欧元 尺寸XL（超过2立方米）：100欧元 尺寸XXL（超过4立方米）：150欧元 尺寸3XL（超过8立方米）：200欧元	
	附加材料费用	/		附加展示品：60欧元/件 附加图像：60欧元	
获奖后	获奖推广费	2 700 欧元	1 600 欧元	3 650 欧元	5 990 欧元
	标志使用	不限时		不限时	不限时
	奖状	PDF 文档		奖状 ×2	奖状 ×2
	奖杯/奖牌	奖牌 ×2		有	有
	官网收录	不限时		官网一年/红点21平台15个月	官网一年/红点21平台15个月
	App	三年		一年	一年

类别	奖项	IF		红点	
	项目	产品类别	其他类别	佳作 / 红点奖	红点最佳设计奖
获奖后	刊物	/		1/3 页面	1/2 页面；次年设计日志刊登
	展览	数位展览		海报	基本展示单位
	媒体宣传	有		有	有
	短片剪辑	/		有	有
	新闻稿素材	有		/	/
	颁奖典礼	有			
奖励		/	/	/	

出版物数量庞大，很多获奖作品质量不高，参加比赛的作品和单位似乎成为其创收的一部分。红点的商业性使其日渐失去公信力，每年奖项数目繁多，收费名目杂乱，商业运作的背后存在巨大的利益驱动，势必对价值的判断和引导产生偏颇。2018 年平面类获奖作品出现抄袭事件，每年的年鉴图片数量巨大，很多产品水平参差不齐，多有花钱买图录之嫌。

中国近些年发展迅速，设计行业的产业规模也在不断扩大。正是因为红点奖上述问题的长期存在，才在此契机下产生如此长时间、大范围的关于设计奖项价值等一系列问题的论战。

二、西方国家对设计奖项的重视与发展力度更加切实

20 世纪末至 21 世纪初，西方工业发达国家早已纷纷制订"国家设计振兴政策"，并纳入国家发展战略，如英国的"英国国家设计战略"（UK National Design Strategy）、荷兰的"荷兰国家设计振兴政策"（Netherlands National Design Programme 2005—2008）、芬兰的"芬兰国家设计振兴政策"（Finland National Design Programme 2005）、丹麦的"丹麦国家设计振兴政策"（Denmark National Design Programme 2004—2007）、日本的"日本国家设计振兴政策"（Japan National Design Programme

2003）、韩国的"韩国国家设计振兴政策"（又名"韩国设计振兴的三个五年计划"，Korea National Design Programme 1993—2007）。这些国家建立相关设计振兴计划，并将其纳入国家发展战略的前提是在20世纪中期设立了设计产业的政府管理机构，如"英国设计委员会"（UK Design Council）成立于1944年，"日本工业设计促进中心"（Japan Industrial Design PromotionOrganization，JIDPO）成立于1969年，韩国设计振兴院（Korean Institute of Design Promotion，KIDP）成立于1970年。

可见，西方发达国家和部分亚洲经济发达国家都已将设计融入国家建设和经济发展中，将设计的重要性上升到关乎国家经济振兴和强大国家的战略层面。设计奖项是在设计参与经济发展过程中与社会同时进化并逐步衍生出来的产物。设计也是每个国家发展战略的重要组成部分。因此，重视设计，设计奖项才能朝着更加正确、积极的方向发展，而不是成为商业操纵与利益交换的平台。

通过横向比较设计在国家政策、国家设计管理机构、产业量化统计研究3个方面的内容，发现中国与欧洲发达国家确实存在着差距。国家政策方面，中国尚没有完整的设计振兴政策，更没有将相关设计政策上升到国家发展战略层面。发达国家所实行的设计政策通过大力支持专业院校、行业研发等，促进国家创新研究，推动行业整体发展进步的同时，提高国家整体发展水平。如澳大利亚，在其政策目标里就有具体的"通过设计奖励机制，鼓励在设计、创新和产品评估中的卓越促进者"。国家设计管理机构方面，中国也没有设立单独的与设计相关的政府管理机构，如英国的设计委员会（UK Design Council），日本的工业设计促进中心。日本的JIDPO还会与本国设计师、企业建立联系，不定期举办各种论坛和讲座，有效地将设计推广到消费者认识、认知、认可的程度，并从1990年将每年的10月1日设定为"设计日"。在设计产业量化统计研究方面，英国设有世界上最先进的设计资源数据库（Design Fact Finder），通过独立的在线信息工具，为英国设计产业提供技术、方法、人才、专业等各方面的数据。这可以大大提高企业的竞争实力，对不同领域、地区和案例的比较分析形成的统计数据，可以为设计相关产业带来的巨大价值。这就更要求我们从国内国际奖项纷杂的现状与社会发展态势出发，认可和建立健康的、正确的设计奖项，这也是当下最需要完成和厘清的任务。

评奖的目的是引领文化价值发展方向，业界和国人并没有完全认清这一点。一些政府为获得国外奖项者提供高额奖金、优厚待遇，就是在抬高他人奖项的地位和价值，体现出对自身文化、设计内在价值的不自信。中国设计奖项普遍设立较晚，目前各省（直辖市、自治区）企业虽都有自己的奖项，但至今仍没有整合起来形成统一的、有公信力的奖项。

国家成立设计委员会的目的就是从设计的战略角度思考国家发展问题。设计委员会还可以统计、研究设计的数据，将这些数据补充到需要的部门和机构。在长时间研究与积累的基础上，通过设计委员会的平台汇聚不同行业的专家，进行系统性、全局性的分析，以科学制订国家发展计划。设计委员会还可统领各设计公司、设计部门进行协同创造和长期规划，避免同行业设计部门之间的恶性竞争、孤立工作等。

三、设计奖项的设立数量大于质量

现在，设计大奖处于虽蓬勃发展但相对杂乱的时期。制造商和设计师面临大量的奖项，很难准确评估每个奖项的价值。工业和设计界充斥区域、国家和国际竞争，难以区分。硬件、软件、特定行业有着各种关于产品的竞赛——设计新的竞赛时，竞赛组织者的想象力令人惊叹。也难怪，社会上会出现越来越多要求减少此类竞赛数量的呼吁。以 2017 年为例，工业设计方向的国际奖项就有 32 个，包括平面类、多媒体交互等与视觉传达或广告类国际奖项交叉评比的部分（2017 国际工业设计奖项列表见附录 5）。在中国，2017 年省级以上工业设计类奖项就有 280 个。从中，我们可以看到社会对设计的需求，更应冷静思考奖项真正的含义，梳理什么样的设计作品可以改变、改造社会。

设计界真正面临的问题是：设计师能否跟上当今社会日益变化的步伐；考虑到有时产品的开发周期短得离谱，设计师还能创新设计吗；是否应该为目前充斥在我们身边的产品承担责任呢；或者只是被迫去做一些事情，以免他们从供应链中被淘汰。2005 年秋天，在京都举办的一次精彩展览上，迪特·拉姆斯（Dieter Rams）再次表示支持"退一步思考问题，而不是自动将每一个想法转化为一种产品"。这样的呼吁是否符合时代的要求？还是仅仅反映了我们所有人都钦佩的设计师的想法？或者同时仍然相信情况已经发生简单的变化？

为什么这么多制造商和设计师会在一系列不同的竞争中输出他们的产品？他们只是想不惜一切代价赢得设计奖，不管是哪一个，只要是尽可能多地获得就可以吗？如果这真的是动机，也不能责怪这些比赛的组织者们，因为他们只是满足了人们现有的需求。当今的设计竞赛显然是相互竞争的。在公共资金减少的环境下，一些机构认为授予设计奖是值得的，可以弥补日益减少的财政支持。然而，就像几乎所有细分市场一样，这里的蛋糕已经被切了很多次了。

关键价值观的丧失和对社会中日益减弱的同情的哀叹都不是新事物。从这个角度来看，过去那些与设计相关的美德，如风度、哲学和人性都在哪里呢？行为准则在哪里呢？这些行为准则不仅是人们谈论的，也是生活的。当有什么事情激怒我们时，我们还会兴奋吗？当看到"过去"不能接受的事情时，还说得出话来吗？我们中间还有人在听吗？

经济和机构的道德沦丧在社会上变得如此普遍以至于现在人们已经接受它成为司空见惯的事情了吗？是环境要求我们适应它，还是我们仅仅编造借口来避免承担责任呢？毕竟，传统价值观仍然存在。无论一些人多么努力地尝试，诚实、可靠、忠诚、同情和正义不会过时，也不可能被买卖。这是一个涉及基本价值观的问题。它为我们提供了正确的方向，让道德以最恰当的方式存在，并真正地存在生活价值之中。是否只有大公司才能影响这些事情呢？考虑到所有尚未解决的问题，人们有时希望自己能够活跃在一个更大的领域，并发挥更大的影响力。

四、设计奖项仍应以推动本土设计与经济发展为目标

通过对 3 个国际设计奖项的比较分析，尤其是对设立时间相对较早的德国 IF 奖和日本 G-mark 奖项的背景分析，不难看出，这些奖项的设立有自身独特的时代特征、国家发展背景和社会需求。相同的是，德国 IF 奖项和日本 G-mark 奖的设立，一个是面对二战后的重创，一个是振兴出口贸易，都针对那些本国自身亟待解决的问题。可见，奖项设立的初衷是着眼解决本土问题，与本土经济发展存在着共生的、密不可分的关系。

今日分析日本的 G-mark 奖，再思考设计奖项与本土（本国）的关系，仍然可以看到该奖项的参与度、获奖率、本国设计作品的数量远超其他国家（见图 2），说明这个奖项虽在国际上有较大的声望，但更重要的仍是解决日本国家内部的生存发展问题。奖项也更倾向于颁布给本国设计师和企业，就是要激励国民的主动性来持续创新、创造，推动日本整个国家的经济发展。

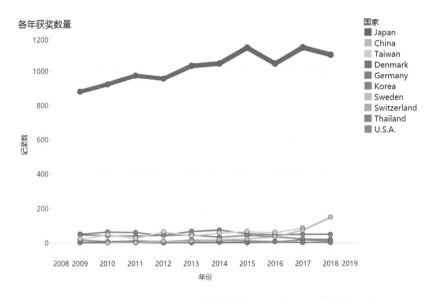

各年获奖数量

国家
- Japan
- China
- Taiwan
- Denmark
- Germany
- Korea
- Sweden
- Switzerland
- Thailand
- U.S.A.

1200

1000

800

记录数

600

400

200

0

2008 2009 2010 2011 2012 2013 2014 2015 2016 2017 2018 2019

年份

图 2　G-mark 2009—2018 年获奖作品数量前 10 的国家和地区

分析获奖作品，可以看到日本设计的主要特点是在普通的商品中加入新的设计元素，并不停地研究它。日本解决问题的方式可能对其他国家来说并不能帮上大忙。例如，2016年的"hoshinotanian-danchi"项目（见图 3）似乎是一个典型的日本项目，但可以将这个案例应用到其他亚洲国家。它似乎只针对日本，hoshinotani-danchi 公司曾为小田电力铁路公司（odakyu electric railway company）的员工提供公司住房，但已被改建为出租公寓和公共设施。它位于一个郊区住宅区，在人口减少的情况下，真正地恢复了社区的活力。社交活动包括咖啡馆、儿童保育中心、遛狗区和公共菜园。或许不那么明显，但一个可行的、充满欢声笑语的社区和生活本身的回归，同样令人兴奋。

图 3　2016 年 G-mark 获奖作品 "hoshinotanian-danchi" 项目

近几年，G-mark 奖项颁给中国设计师或公司的情况逐渐增多。一方面，说明中国的设计水平的确有所提高，可以前瞻性地解决一些全球性的社会问题；另一方面，是否也可以认为，日本奖项组织者是在用另一种方式发出对本国设计师和企业的信号，这个信号是由于其他国家设计力量的不断强大，他们要更加努力地工作以保持在高水平的创作和创造领跑者的位置上。例如，2017 年日本"Good Design Award"颁给中国品牌"小米"（见图4）。虽然在讨论过程中存在对"小米生态链"空调机产品的几番争论，其问题集中在"小米设计的室外机具有的独特简洁美感导致成本增长，是否有存在的必要性"这一点上。最终，评委还是支持了"小米"的成长理念。"小米"产品希望能够伴随他们最初的用户一起成长，并满足他们的需求。这种针对粉丝的深切关怀，成为"小米"本次获奖的决定性因素。这种着眼于未来用户，希望与用户共同成长的设计理念，是优良设计奖项更加想传递给本国和世界设计师与企业的。

图 4　小米获奖作品（2017 年 G-Mark）

五、设计奖项应正确地引导设计与社会科技之间的连接

技术永远是客观的存在，它能够发挥好的作用，必须有设计师使之"文化化"，要有理性的判断和价值的引导。优秀的设计能让技术发挥的作用最大化，是技术推动社会进步的桥梁。

设计奖项的价值在于，肯定产品优质的同时更提升了品牌的内在价值。获得设计奖项，可以快速提升公司的声誉及行业竞争力。比如，三星就是在多次获奖后表现出优势与强大品牌力量的。获得设计奖项是很多企业愿意采取的发展策略，这种创新的投入与获奖后带来的商业价值是有目共睹的。获得奖项，不仅是某一品类得到认可，更重要的是可以在消费者心里树立品牌的价值。正如 IF 执行主席 Ralph Wiegman 对设计与设计奖项提出的建议，"设计应当监督更多责任"，"应该批评一切而不是仅仅知道一切"，"应当是清楚传递价值，创造特殊、有远见的事情"。

　　传达设计的全部潜力是很重要的，它不仅仅是计划产品的商业成功。2016 年的
G-mark 评选就展示了设计的新角度。获得冠军的"authagraph"，是一幅由鸣川浩二
（Hajime Narukawa）设计的世界地图（见图 5），旨在纠正传统地图上的地形地貌的扭
曲及政治和地理上存在的误解。乍一看，它似乎并不是一款"设计"产品，但却向我们展
示了一个全新的日本设计理念，即"用不一样的眼光和角度来看生存的地球"。鸣川肇研
究指出，只有这个形状可以完美地将地图展开成为四方形。审查委员给予的评价是："世
界地图拥有定型化人类世界观的力量，但我们的世界观却还建立在以 16 世纪所做出来的
扭曲地图的基础上。世界地图法将过去地图的缺点补足，反映出可以展现现代世界情势的
世界观……世界地图法让我们了解到看世界的方法是可以有很多种的。"①

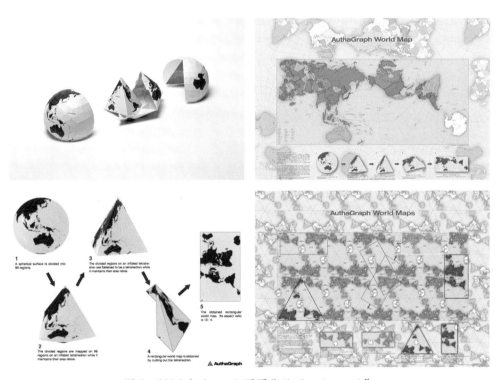

图 5　2016 年 G-mark 冠军作品 "authagraph"

① http://www.housearch.net/to/read?id=907

六、设计奖项在设计人才储备与普及性教育上的重要性

设计奖项的责任不仅仅体现在评判标准与评奖机制的正确上，更要通过树立优秀产品与设计的价值导向，承担对社会与大众关于设计之美、设计之功用的普世教育责任。设计奖项的相关人员，无论组织者或参赛方，都要秉持正确的价值观——参与设计奖项是相关人员自身完善与成长的过程。设计奖项的外延，如展览、论坛、交流、教育培训等，都具有对年轻人、民众的设计教育意义，在大众审美教育方面起到重要的作用。主办者的业绩或商业成就，只是设计奖项带来的溢价，只有不断成长、成熟起来的设计奖项才会更加注重对创新的普及教育和人才储备。如果只为业绩，这是对创新本质的误解。在创新社会中，设计奖项背后的价值和意义是让民众了解优秀设计产品价格背后的价值。只有如此，才会让设计奖项的设计教育与启蒙意义更为深远。

设计奖项在人才储备和教育民众方面发挥着重要作用。近年来，设计的重要性在商业中日益凸显，这已毋庸置疑，但未来的竞争越来越趋于知识经济、人才竞赛。因此，优秀的人才、年轻的学生以及持续培养民众的能力成为未来设计奖项中越来越重要的组成部分。目前，IF和G-mark奖项在人才培养方面形成了比较完整的流程，通过持续的交流、教育、展览等手段，可为本国提供优秀的设计力量。但中国红星奖目前尚未形成完整的、规模化的人才培养措施，即便在展览展示上，也较少与民众互动，展品多隔线陈列，参观者不知所以，更没有切身体验，不能获得足够的设计相关专业知识，也很难对设计产生足够的兴趣。

我们看电影的时候经常能够看到这样的镜头：官兵闯入府宅之内搜捕，房前屋后、左左右右翻检一遍，找不到刺客，纷纷离去；这时，镜头摇上去，发现房梁上的刺客高高在上地俯察下面的一切动静。确实，居高临下，才能具有更多的优势，拥有与对手较量的能力。当下，我们热热闹闹地进行着消费升级、产业升级、设计升级，此处升级应该不仅仅是种类、价格、样式、功能的升级，更应该是认知的升级。认知升级的主体是消费者、生产商，更是事前干预、肩负人类社会可持续发展重任的设计者。

综观眼下花样繁多的商品、设计作品，其中不乏一些表达欲旺盛的产品。这些产品看似造型时尚，功能齐全，价格不菲，其背后透漏出的是设计师的不自信和焦虑。不自信于设计的内在价值，他们急于为设计贴上更多的"标签"，才能找到身份上的认同感。事实上，认知升级是一种主观能动性——"价值观"的体现，只有设计者能够引导消费者自主地寻找产品的更高价值，才能做到真正的消费升级、产业升级、设计升级。这种认知的升

级更有一种"佛门不度无缘之人"的意味，其价值判断是对"陪你风景都看透，才能看细水长流……"的更高追求。

当下，业界和消费者对"设计奖项"这个名称有着不同的理解。设计奖项能够提升人们的认知，这也是设计奖项设立的新维度。了解设计奖项的新维度，首先要了解它包含的4个要素：主体、对象、评价标准和传播衍生。在这4个要素中，前3个与其他如竞技、科技等类别的奖项相似，而传播教育在现代社会拥有了更深刻的意义与社会价值。

毋庸置疑，设计奖项可以在专业领域起到区别于其他同行卓著、领先地位的标识作用，是专业能力的认证；它也可以更快、更多地将产品转化为经济效益，树立产品和企业的优质品牌。这也是目前国内外众多企业热衷支持、参与设计奖项的重要原因。但最重要的是，设计奖项的价值随着社会进步具有更新的含义：通过自身的影响力影响年轻人树立积极的价值观，提升大众的审美能力，培养、储备相关专业人才。这种教育意义是设计奖项的新维度，也是面向未来的发展方向和高度。

社会价值观的树立与提升有很多途径，如近几年网络平台上一档很受年轻人喜欢的半综艺、半学术、看起来不那么规矩的辩论节目"奇葩说"。在每期嘉宾的"妙语连珠"和"针锋相对"中，观众渐渐培养出多角度看问题的能力，形成辨别是非、换位思考的思维模式，在听起来似乎"谁都有理""各说各理"的过程中寻找出自己的价值判断，也学会接纳与包容不同的意见和观点。从本质上说，看似离常人非常远的"辩论赛"就是在辩论"知"与"行"的道理。"知行合一"不仅仅是"言行合一"那么简单，而是在辨别论证二者的同时逐渐发现"知""行"本为一体，好比学游泳一定是在水里边学边游。同理，无论是对专业的认定还是经济效益的促进，在设计奖项本质上都是在人们的衣、食、住、行中进行无声地教育和培养，潜移默化地提高人们的审美力和价值观。

中国哲学大师冯友兰的人生四境界，同样适用于目前对设计奖项新维度的理解。冯友兰说，"人生境界有四，从低至高依次为：自然境界、功利境界、道德境界、天地境界"。完成了物的积累、利益的追逐后，我们是否应该考虑对其进行节制和限定呢？这种节制和限定是道德的提升，也是教育作用的发挥和能力的培养。

马克思说，"一切稳固的东西都将烟消云散，一切神圣的东西都将被亵渎"。这句话的本意虽指当时的经济制度，但其哲学意义在于告诉我们：变化是唯一不变的！设计奖项在设立之初，是国家经济的助力器，可以复兴、振兴、壮大国家的品牌和实力；随着设计奖项在其自身的制度与意义、内容与价值上的不断发展变化，在数据资源也是重要资本的今日社会中，设计奖项的价值新维度侧重在展览、教育、人才储备等方面。数据显示，

2017 年，共有国际级工业设计类奖项 32 个，省级以上奖项 280 个。在如此多的设计奖项中是否已有在教育和人才储备方面做得值得推崇与发展的呢？当然有。例如，最早设立的 IF 奖就在展览、交流方面开创性地发展着，日本的 G-mark 奖在大众尤其是青少年的设计普及教育中也做得非常好。

随着知识经济的到来，众多的教育专家逐渐注意到媒介的重要性，但往往侧重于怎样利用媒介来掌控教育。事实上，这是将媒介与教育联系本末倒置了。如今，媒体媒介出现多样性的发展态势，教育才是最能控制其发展的关键方式之一。

回到设计奖项的新维度上，经比较后发现，在展览、交流合作、培训、衍生品商店等一系列设计奖项的新功能上，这些成熟的案例可以为我们所借鉴。我们大致可以从展览、大众审美、教育 3 方面去理解新价值的积极意义。著有《人类简史》《未来简史》的犹太人尤瓦尔·赫拉利在他的第三部著作《今日简史》中感叹："人类在过去已经学会控制外在世界，但对我们自己的内在世界多半无力掌握。我们知道拦河筑坝，却无力阻止自身衰老；我们知道设计灌溉系统，却不知道如何设计大脑系统。"是的，世界诞生了摩尔定律，摩尔定律也影响着世界。设计奖项价值的新维度已经呈现，只有重视内省、不断提升价值维度、全面培养大众审美能力、加强年轻人对设计的理解与认识，才是这个时代设计奖项发展的更高维度。

七、设计要创造新型的却并不遥远的生活方式

设计在理论和实践上的真正突破，来自 1907 年德意志制造联盟。它由一群执着于设计教育的设计师、建筑师、企业家和政治先锋组成。随着工业社会的进步，联盟不断肯定与支持工业发展。这种突破不仅仅是美学上的，更是在正确认识工业化后对产品定位的再次矫正，"批量生产与劳动分工并没有什么差别，只有工业没有优质产品"。50 年后，也是一群年轻人，他们，对设计理念的追寻践行了工业设计联盟前辈们在工业化社会中不断支持设计的理念，拥有家族式经营的中小型企业（如瓷器制造商罗森塔尔、博朗、WMF 等）。同时对设计具有浓厚的兴趣，怀着来自德国工业联盟的设计精神，建立了 IF。今天，这样一群人和这样的奖项，在某种意义上，的确引领了一种新的生活方式。

从二战期间设计军需物资开始，至大萧条期间设计对消费的促进，使得美国的设计逐渐被产业界接受。在设计的推动下，消费品逐渐形成安全、舒适、便于维修和利于销售的

特性，助长了消费主义；同时，消费主义也为样式设计提供了发展方向。这种独特的历史背景使美国的设计目标与欧洲截然不同：美国更重视商业间的效益增长；欧洲恰恰摒弃了这种以商业利益权衡的设计价值，大力倡导优良设计的宗旨。

今日，设计早就不局限在艺术和手工艺层面，需要在文化、艺术、科学等众多学科交叉链接中进行深入的研究与了解，并成为创新的主要动力、发展新模式的中坚力量。设计的创新力不容小觑，是科技与文化融合的桥梁和凝聚。我们要从更广阔的视角来看待设计奖项带来的学术精进、社会创新和产业结合之间的关系，从中找到平衡。现在，设计的边界更加淡化，设计的方式更为多媒体化，设计的目标更为民主化，设计的范围更加社会化。设计可以推进社会创新，与技术、制造等构成开放且多元的系统，所以奖项的评审标准体现的是社会的综合精神价值，是对创新社会里设计作用的开创性探索。设计奖项是一个平台和媒介，是每个相关方的起点而非终结，是共同探索促进社会进步与发展的有力平台，意味着社会文明的进化。它超越了其内在的评价、推荐、奖励机制，从深层次上说，是社会健全发展的基础。

优良设计奖代表在"2017年度优良设计的发展"中提出对设计评选趋向的三点思考：一是领域的扩展，本次获奖设计不仅拓宽了国别领域，亦从不同专业种类领域拓展到生活的方方面面；二是意义的拓展，优良设计崇尚的设计的意义，已从普通的设计作品拓展至对产业、产品、人类生活的思考；三是专业、非专业性的拓宽，本次获奖名单中涌现了一大批为人类生活编织出独特创意的活动及作品，他们来自诸多知名的设计师，可见，成熟、优秀的设计奖项能在更高的维度带来新的生活思考方式，创造新生活的种种可能。这三方面的思考，指出了设计奖项创新性、广泛化的发展趋势，也指明了值得我们借鉴与思考的方向。

第二节　设计奖项在创新型社会建构研究中的重要创新点

设立设计奖项，是发达国家推动经济进步、科技发展和文化繁荣的重要措施。可以看到，设计政策作为国家发展政策的重要组成，对于本国设计产业的发展发挥着重要的战略性作用和指导意义。

奖项的价值在于专业性的领导地位：确认专业的、优秀的作品，制订高标准，以及增强社会的认同感。设计奖项通常可以做到对社会变化的最快回应。因为在未知的领域，大家都有不确定的事情，所以只有同时面对各种发展变化（如媒介变化、技术手段变化、观念变化），作出迅速的反应，才能在社会中实现产品有效性的最大化。设计奖项的标准也不例外，需要应对不断发展变化的需求，预测可能到来的事件。设计不是名词，而是动词，是无尽的、可持续的、创造性的活动，重点在于意义和价值，是对价值的引领和意义的判断。

很多经济学学者认为，20世纪中期是人类经济史上的黄金发展时期，也是众多设计奖同步诞生与发展的时间。随着经济增长，人们对设计的需求不断增加，不仅在于对产品物质质量的追求愈加严格，更在奖项的发展中体现了人们在经济发展时期对存在于产品（或服务）中的文化价值的要求也与日俱增。设计奖项是鼓励产品、个人、企业、产业的最好办法，其授予说明得到了行业价值的认可和赞许。因为只有最好的产品，才能够跟得上技术发展，满足文化内涵不断变化的产品与解决方案（服务）的需求，超越时代，创新其中。

知识创新在人类文明发展的现阶段发挥着重要的作用。随着时代的发展，知识的创新、传播、应用都有很大变化。知识产业包括知识的生产和知识的传播。知识与经济、社会的关系也不再是线性的相交或并行，而是渗透到社会的每个层面。知识是财富的来源，是经济增长和生产力提高的重要条件。设计奖项的组织机构、参赛机构都属于知识经济的一部分，具有非物质生产的流通与服务性质。设计奖项是知识经济产业的一部分，更与社会其他产业形成紧密关系。设计的产品价值越来越多地取决于产品的体验和意义，如交互设计中的流畅性、逻辑性和互动有效性，而不局限于产品的物质载体。学科分化、交叉，产品有实用性，更关乎感受与意义，两者不再割裂。这种融合和"感受与意义"的不断提升，需要设计产业相关创造者的通力合作。今天的设计在塑造以使用者为中心的理念中，正逐步突破技术的限定，发挥设计策略性角色的力量。

在创新型社会中，设计的核心作用是驱动企业和设计专业部门找到新的文化典范、生活的新意义，是融合社会、科技、文化的综合创新，是立足当下并放眼未来的设计创新。设计奖项可以在创新型社会中引领新的生产模式，树立更高尚的价值信念，完成网络化、系统化的合作生产，储备设计人才和普及设计教育，由此推动社会进步，在国家和地区经济建设、文化引导上起到积极的作用。作为国家创新体系的一部分，它也在社会发展进程中起着重要的推动作用，具有深远的战略意义。

参考文献

英文

[1] Rachel Cooper. Mile Press, *The Design Agenda*, Wiley, 2000.

[2] Michael Erlhoff, Tim Marshall. *Design Dictionary*,Basel: Birkhuser, 2008.

[3] Herbert Simon. *Sciences of the Artificial*, Cambridge，MIT Press, 1969.

[4] Schumpeter. *The Theory of Economic Development* , Cambridge, Harvard University Press, 1934.

[5] Mike Hobday, Anne Boddington, Andrew Grantham. *An Innovation Perspective on Design*, Part 1, Design Issues, Vol. 27, No. 4, Autumn 2011.

[6] Reyner Banham. *Theory and Design in the First Machine Age*, 2nd Edition, MIT Press, 1980.

[7] Adrian Heath. *300 Years of Industrial Design: Function, Form, Technique*, New York：Watson-Guptill Publications，2000 .

[8] Jocelyn de Noblet. *Industrial Design: Reflection of a Century － 19th To 21st Century*, Paris: Flammarion, 1996.

[9] Michael E. Porter. *The Competitive Advantage of Nations*, London: Free Press, 1998.

[10] C. Freeman, L. Soete. *The Economics of Industrial Innovation*, London and Washington, 1997.

[11] Richard Guy Wilson, The Machine Age.

[12] Jeffrey L Meikle, *Design in the USA*, New York: Oxford University Press, 2005.

[13] Henry Dreyfuss, *Designing or People*.

[14] Jane Pavitt Design and the Democratic Ideal, in David Crowley and Jane Pavitt, Cold War Modern: Design 1945–1970, London: V &A Museum, 2008.

[15] Thorsten Veblen, *The Leisure Class*, Mineola, n.y.: Dover Publications, 1994.

[16] Marcia M. O Sampaio Rosefelt, *The Desig Dilemma: A Study of the New Morality of Industrial Design in Western Societies*.

[17] James Pilditch, *Talk about Design*, London: Barrie &Jenkins Ltd, 1976.

[18] Jonathan Woodham, *A Dictionary of Modern Design*, Oxford: Oxford University Press, 2004.

[19] Kathryn B Hiesinger, George H. Marcus, *Landmarks of Twentieth-century Design*, New York: Oxford University Press, 2002.

[20] Herbert Spencer, "The Responsibilities of the Design Profession", first published in The Penrose Annual 57, London: 1964, in Looking Closer 3: Classic Writings on Graphic Design, New York: Allworth Press, 199.

[21] Dodds and Holbrook, 1988, 《on the value of Oscar nominations and awards》; Rajun and Tamimi, 1999 and Ramasesh, 1998, 《on the economic value of the Malcolm Baldrige National Quality Award》; and Goodrich, 1994, Roerdinkholder, 1995; and Walsh, et al., 1992, on design awards.

[22] Henry Dreyfuss, "The Industrial Designer and the Businessman", *Harard Business Review*, No. 1950. 转引自 Nigel Whitely, Design for Society.

[23] Harold van Doren, Industrial Design, introduction.

[24] Nigel Whiteley, Design for Societ.

[25] Raizmann, David, *History of Modern Design,* London: Lawrence King Pub, 2010.

[26] Victor Papanek, Green Imperative.

[27] Marcia M. O., Sampaio Rosefelt, *The Design Dilemma: A Study of the New Morality of Industrial Design in Western Societies, Doctor Dissertation*, New York

University, 1986.

[28] Henry Dreyfuss, Designing for People.

[29] Victor Papanek， Design for Huan Scale.

[30] Roman Boutellier, *Managing Global Innovation: Uncovering the Secrets of Future Competitiveness*, Berlin：Springer，2008.

[31] Laura Slack, *What Is Product Design*, Sheridan House：RotoVision，2006.

[32] Donald A. Norman, *The Design of Everyday Things*, New York: Basic Books, 2002.

[33] Stephen Martin, *The New Palgrave Dictionary of Economics and the Law*, New York: Blackwell Publishers，2001.

[34] Benny Madsen, *The New Industrial Revolution: The Power of Dynamic Value Chains*, Sunnyvale：LitePoint Books，2007.

[35] Dietrich Stoltzenberg, Fritz Haber: Chemist , Nobel Laureate, German, Jew : A Biography (Philadelphia: Chemical Heritage Foundation , 2004).

[36] Marc Goodman, *Future Crimes: Everything Is Connected, Everyone Is Vulnerable and What We Can Do about It.*

[37] Roger Sugden, *Industrial Economic Regulation*, Oxford: Taylor & Francis, 2007.

[38] Clayton M. Christensen, *Harvard Business Review on Innovation*, New York: Harvard Business School Press, 2001 Edition.

[39] Daniel Smihula, "The Waves of the Technological Innovations", *Studia Politica Slovaca*, Issue 1, 2009.

[40] Carlota Perez, *Technological Revolutions and Financial Capital: The Dynamics of Bubbles and Golden Ages,* Northampton, MA Edward Elgar Publishing, 2002.

[41] Frank J. Sonleitner, "The Origin of Species by Punctuated Equilibria", *Creation/Evolution Journal* 7, No. 1, 1987.

[42] Jim Giles, "Internet Encyclopaedias Go Head to Head", *Nature* 438, December 15, 2005.

[43] Kanhaya L. Gupta, *Industrialization and Employment in Developing Countries*, New York：Routledge，1989.

中文

[1] 约翰·伍德:《论时间和正在缩短的"设计未来"》,《装饰》2012年第3期。

[2] 戴吾三:《从科技史看创新的路径》,《装饰》,2012年第4期。

[3] 吴贵生:《多样轨道多重机会》,《清华管理评论》,2011年第3期。

[4] 蒋红斌:《工业设计创新等内在机制》,《装饰》,2012年第4期。

[5] 柳冠中:《美化?造型?还是设计?》,《装饰》,2012年第1期。

[6] 芦影:《中国设计的批评式启蒙》,《装饰》,2012年第1期。

[7] 迈克尔·洛克,里克·鲍伊诺:《什么是平面设计批评?》,《艺术设计研究》,2011年。

[8][澳]Gemser, G.、[荷]Wijnberc, Nachoem M.《工业设计奖项的经济意涵:一个概念框架》,《设计管理期刊》,2002年第2期。

[9] [美]Helgesen, Thorolf,《广告奖项与广告公司绩效标准》,《广告研究期刊》1994年第8期。

[10] 工信部课题"国内外工业设计发展趋势"研究报告。

[11] 中国共产党第十六届五中全会:《中共中央关于制定国民经济和社会发展第十一个五年规划的建议》,2005年。

[12] [德]克劳斯·克莱姆普:《德国设计:一段有建设性的问题史》,《装饰》2017年第6期。

[13] [法]托克维尔:《论美国的民主》(下卷),董果良译,商务印书馆1988年版。

[14] "20世纪西方设计伦理思想研究——以维克多·帕帕奈克的设计思想为中心",周博。

[15] [美]Helgesen, Thorolf:《广告奖项与广告公司绩效标准》,《广告研究期刊》1994年第8期。

[16] 简淑如：《BENQ 访谈》，《设计》（双月刊），2005 年第 122 期。

[17] 李昂：《解析工业设计从业机构的发展趋势》，《装饰》2012 年第 10 期。

[18]［日］青木史郎：《用什么来推动我们的产业发展？——日本"优良设计奖"之借鉴》，《装饰》2015 年。

[19] 薛亮：《日本设计业推进政策沿革》，2018.05。

[20] 韩超：《"良心设计"的伦理向度——从美国"DESIGN W/CONSCIENCE"运动对贫困群体的设计关怀谈起》，《装饰》2017 年第 9 期。

[21] 刘晶晶：《2017 日本优良设计奖大展及系列活动》，《装饰》2017 年第 11 期。

[22] 汪芸：《创新的路径——二十年来最具创意的设计案例推荐》，《装饰》2012 年第 4 期。

[23]［日］后藤武佐、佐木正人、深泽直人：《设计的生态学》，黄友玫译，广西师范大学出版社 2016 年版。

[24]［美］安迪·宝莱恩本·里森：《服务设计与创新实践》，王国胜、张盈盈、付美平、赵芳译，清华大学出版社 2015 年版。

[25]［美］托马斯·洛克：《大众文化中的现代艺术》，吴毅强译，江苏凤凰美术出版社 2016 年版。

[26]［英］彭尼·斯帕克：《设计与文化导论》，钱凤根、于晓红译，译林出版社 2012 年版。

[27] 张夫也：《世界现代设计简史》，中国青年出版社 2013 年版。

[28]［美］唐纳德·诺曼：《设计心理学 1-3》，小柯译，中信出版社 2015 年版。

[29]［日］佐藤卓：《鲸鱼在喷水》，蔡青文译，中信出版社 2014 年版。

[30]［美］克莱顿·克坦森：《创新者的窘境》，胡建桥译，中信出版社 2010 年版。

[31]［法］勒·柯布希耶：《走向新建筑》，陈志华译，陕西师范大学出版社 2004 年版。

[32] 张夫也：《外国工艺美术简史》，中国人民大学出版社 2017 年版。

[33] 张夫也：《中外设计简史》，中国青年出版社 2012 年版。

[34] 张夫也：《外国现代设计史》，高等教育出版社 2009 年版。

[35]［德］艾尔霍夫，《乌尔姆设计学院作为现在主义的典范》，载赫伯·林丁格编《包豪斯的继承与批判——乌尔姆造型学院》，胡佑宗等译，台北亚太图书出版社 2002 年版。

[36] 刘佳：《当代中国社会结构下的设计艺术》，社会科学文献出版社 2014 年版。

[37] 柳冠中：《苹果集》，黑龙江科学技术出版社 1996 年版。

[38] 沈榆：《中国现代设计观念史》，上海人民美术出版社 2017 年版。

[39]《中国红星奖年鉴》（2006—2017），中国建筑工业出版社。

[40] 何洁：《广告与视觉传达》，中国轻工业出版社 2003 年版。

[41] 许平：《中国工业设计全书》，江苏科技出版社 1996 年版。

[42] 许平：《设计艺术教育大事典》，山东教育出版集团 2001 年版。

[43]［美］伊藤穰一、［美］杰夫·豪（美）：《爆裂：未来社会的 9 大生存原则》，张培、吴建英、周卓斌译，中信出版集团 2017 年版。

[44]［德］阿诺德·盖伦：《技术时代的人类心灵——工业社会的社会心理问题》，何兆武、何冰译，上海世纪出版集团 2008 年版。

[45]［美］巴里·施瓦茨肯尼斯·夏普：《遗失的智慧》，杜伟华译，浙江人民出版社 2013 年版。

[46]［美］保罗·霍肯：《商业生态学》，夏善晨、余继英、方堃译，上海译文出版社 2007 年版。

[47]［美］卡尔·波兰尼：《大转型：我们时代的政治与经济起源》，冯钢、刘阳译，浙江人民出版社 2007 年版。

[48]《我们共同的未来》，王之佳、柯金良等译，夏堃堡校，吉林人民出版社，1997 年版。该报告主持者为挪威首相布伦特兰（Gro Harlem Brundtland）。

[49]［美］熊彼特：《经济发展理论》，商务印书馆 2000 年版。

[50] 史忠良：《产业经济学》，经济管理出版社 2005 年版。

[51] 郑也夫：《文明是副产品》，中信出版社 2015 年版。

[52] 戴吾三：《影响世界的发明专利》，清华大学出版社 2010 年版。

[53] 施建生：《伟大的经济学家熊彼特》，中信出版社 2006 年版。

[54] 傅家骥：《技术创新学》，清华大学出版社 1998 年版。

[55] 贝尔，《后工业社会的来临——对社会预测的一项研究》，高铦、王宏周、魏章玲译，新华出版社 1997 年版。

[56] 何传启：《第二次现代化理论——人类发展的世界前沿和科学逻辑》，科学出版社 2013 年版。

[57]［美］托马斯·哈定《文化与进化》，浙江人民出版社 1987 年版。

[58]［美］D.Q.麦克伦尼：《简单逻辑学》，赵明燕译，浙江人民出版社 2013 年版。

[59]《牛津高阶英汉双解词典》，牛津大学出版社 1998 年版。

[60] 中共中央马列著作编译局编：《马克思恩格斯选集》（第二卷），人民出版社 1972 年版。

[61]［英］Raymond, Willemse：《关键词——文化与社会的词汇》，生活·读书·新知三联书店出版社 2005 年 thgc 。

[62]《现代汉语词典》，商务印书馆 2002 年版。

[63]［德］弗里德里希·尼采，《人性的，太人性的》，杨恒达译，中国人民大学出版社 2005 年版。

网站链接

1. http://www.dba.org.uk/join-us/about-the-dba/.

2. http://www.adi-design.org/about-us.html.

3. G-mark 官网（http://www.g-mark.org/about/）。

4. http://www.facebook.com/japangooddesignaward.

5. http://www.idsa.org.

6. https://www.media.mit.edu.

7. IF 官网 https://ifworlddesignguide.com。

8. http://www.housearch.net/to/read?id=907.

9. http://ifworlddesignguide.com/app.

10. http://www.facebook.com/InternationalForumDesign.

11. http://www.youtube.com/channel/UCQvPxDtpmQ50UP2EzCfq5cA.

12. http://twitter.com/iFDESIGNAWARD.

13. iF 世界设计指南公众号（http://ifworlddesignguide.com/wechat-lp）。

14. http://weibo.com/iFworlddesignguide.

15. 红星奖官网（http://www.redstaraward.org/about/star.html）。

16. 美国工业设计协会官方网站（http://www.idsa.org）。

附录

附录1

中国2017年省级以上工业设计类奖项

序号	赛事名称
1	2017中国设计智造大奖
2	2017第四届"紫金奖"文化创意设计大赛
3	2017年福建省"海峡杯"工业设计（晋江）大赛
4	2017"市长杯"中国（温州）工业设计大赛
5	2017创意中国（杭州）国际工业设计大赛
6	江西省第二届"天工杯"工业设计大赛
7	2017年第二届"黄鹤杯"工业设计大赛
8	第三届海峡两岸（漳州）工业设计创新大赛
9	2017海峡工业设计大奖赛
10	2017中国国际照明灯具设计大赛
11	2017安徽省第四届工业设计大赛
12	"居然设计家"家居设计大奖赛
13	首届金属家具原创设计大赛
14	2017年桂林"绿色智造"工业设计大赛
15	2017"市长杯"大连工业设计大赛
16	2017多彩贵州文化创意设计大赛
17	2017 DiD Award（东莞杯）国际工业设计大赛
18	寻找造物者-2017云创造物智能产品创意大赛
19	2017中华设计奖"桌面优品"设计大赛
20	2017台北设计奖
21	2017"太阳神鸟杯"天府宝岛工业设计大赛
22	2017年佛山"市长杯"工业设计大赛
23	2017第三届深圳创意设计新锐奖
24	第五届"潘天寿设计艺术奖"中国制造2025全国工业产品创意设计大赛
25	创意辽宁——2017年"靠谱杯"辽宁文化旅游商品创意设计大赛
26	2017第12届"五金杯"中国五金产品工业设计大赛

序号	赛事名称
27	"居然设计家"家居工艺大奖赛
28	2017 "醒狮杯" 国际工业设计大赛
29	2017 年广东省高等学校工业设计大赛
30	2017 威海市工业设计大赛
31	2017 第十二届 "镇海杯" 国际创新设计大赛
32	2017 第六届金华工业设计大赛
33	2017 唐山旅游商品创意设计大赛
34	何朝宗杯 2017 中国（德化）陶瓷工业设计大赛
35	首届宁夏旅游商品创意设计大赛
36	第二届中国·宁波杭州湾新区国际雕塑设计大赛
37	2017 年 "和丰奖" 工业设计大赛
38	2017 中国设计原创奖 - "陶·品" 陶瓷设计大赛
39	2017 湖北地理标志产品 OCOP 文创大赛
40	2017(中国·宁波) 杭州湾新区国际城市家具创意设计大赛
41	第二届谭木匠创意产品设计征集 - 第四期 / 木匠的世界
42	第六届 "太湖奖" 之青年大学生创意创业大赛
43	美的集团家用空调事业部 2017 年创意大赛
44	"为了健康而设计" 第 4 届灵狮杯创意设计大赛
45	2017 首届中国国际配饰设计大赛
46	2017 中山美居创意工业设计大赛
47	中国江门·2017·市长工业设计大赛
48	金辕奖 - 首届中国 "七立方杯" 国际个人交通工具创新设计大赛
49	2017 大化瑶族自治县旅游文创产品评选暨设计大赛
50	2017 第二届 "中国·河间工艺玻璃设计创新大赛"
51	2017 首届青海文化创意设计大赛
52	2017 "杭集杯" 国际创新设计大赛
53	2017 年 "竹天下杯" 第六届国际（永安）竹具工业设计大赛
54	2017 "文化名城 魅力巴渝" 重庆市文化创意产品设计大赛
55	2017 中国旅游商品创意设计大赛 - 集安主题赛
56	2017 "大美昆曲" 首届海峡两岸青年文化创意设计大赛
57	2017 "创意运城" 文创产品设计大赛
58	"醒狮杯" 2017 南海照明设计大赛
59	2017 第二届 "创意济宁" 文化产品创意大赛
60	2017 "创维杯" 中国好创意暨第十一届 "全国数字艺术设计大赛"
61	2017 第二届中国·宿城区家具创意设计大赛
62	2017 首届新疆旅游纪念品创意设计大赛
63	2017 "三星灯饰杯" 第二届灯具设计大赛
64	2017 首届 "七曲山杯" 文昌祖庭·大美梓潼文创设计大赛
65	2017 中国·洛阳（国际）"三彩杯" 第五届创意设计大赛

序号	赛事名称
66	2017广东省高等学校大学生工业设计大赛
67	第四届"恒福杯"茶生活创新创业大赛
68	2017首届"工博风尚"文创产品设计大赛
69	2017"桂林有礼"旅游商品创意设计作品征集
70	2017白金创意国际大学生平面设计大赛征集作品
71	2017第二届"政和杯"国际竹产品设计大赛
72	2017广汽设计大赛
73	2017首届湖南省老年服务产品设计大赛
74	2017第二届"汇鸿杯"创新设计大赛
75	2017年华笔奖·首届"宜华杯"全国大学生养老家具设计大赛
76	2017台湾光宝奖
77	2016江门"启超杯"国际创意设计大赛
78	2017中国(溧阳)天目湖创意设计大赛
79	第九届"慈溪杯"工业设计大赛
80	2017"泰达杯"全球青年创意设计大赛
81	第五届河南省博物馆文化产品创意设计大赛
82	2017枣庄市首届文化创意产品设计大赛
83	第五届"中国(深圳)国际珠宝首饰设计大赛设计奖
84	2017年「钛墨奖」国际大学生工业设计比赛
85	2017年天鹤奖国际创新设计大赛
86	"最美凉山"四川省旅游商品创意设计大赛
87	"花都杯"2017广东省文化创意设计大赛
88	2017首届维信诺未来显示创意设计大赛
89	第三届"最浦口"文创产品设计大赛
90	2017鄂州市第一届旅游商品创意设计大赛
91	全国大中学生第六届海洋文化创意设计大赛
92	2017"赣州礼物"旅游商品创意设计大赛
93	2017"创意千岛湖"旅游纪念品设计大赛
94	第八届(2017)中国玩具和婴童用品创意设计大赛
95	"奥飞杯"创意设计大赛--第八届(2017)中国玩具和婴童用品创意设计大赛
96	2017浙江省设计师创客大赛
97	2017"中国·扬州"毛绒玩具礼品设计大赛
98	2017天津旅游商品大赛
99	TTF 2017克拉钻戒国际珠宝设计大赛
100	TTF 2017克拉钻戒国际珠宝设计大赛
101	"经开杯"永州市青年文化创意大赛
102	2017洪泽湖旅游纪念品全国设计大赛
103	2017云和木制玩具创意设计大赛
104	2017第二届绍兴市文化创意产品设计大赛

序号	赛事名称
105	王者荣耀周边设计征集大赛
106	7 喜 21 世纪罐身图案创意设计大赛
107	2017 第二届"龙韵杯"龙泉市竹木产品创新设计大赛
108	首届"红钻奖"参选规则——中国电子产品设计创新大会
109	张家口首届文化创意产品设计大赛
110	首届"婺州随礼"金华旅游商品暨"伴手礼"创意设计大赛
111	2017 台湾宜兰椅设计大奖赛
112	"海丝福地·广州有礼" - 2017 年广州首届旅游商品创新设计大赛
113	2017"中金杯"第十一届全国黄金首饰设计大赛
114	2017"武义意达杯"中国电动工具产品设计大赛
115	第二届南通文化创意设计大赛 — 产品设计大赛
116	2017 庆元县第二届互联网 + 竹制品设计大赛
117	遂昌县农产品包装设计大赛
118	2017 第四届安徽省工业设计大赛"青松杯"专项赛
119	2017 中国平阳第一届工业设计大赛
120	2016 英格索兰空调设计大赛
121	2017 上海浦东公交智慧站牌设计创意大赛
122	2017"设计 +"全国青年设计师创新创客大赛
123	第二届中国珠宝首饰作品"天工精制"大奖赛
124	华笔奖·第二届"志达杯"全国家居面料创意设计大赛
125	2017"创意连云港"第三届文化创意设计大赛
126	2017 全国桃木旅游商品创新设计大赛
127	2018 第四届中国设计院校大学生生肖狗文化设计大赛
128	汇桔网 吉祥物创意涂鸦设计大赛
129	2017 定义"市井潮" - 欢乐斗地主衍生品设计大赛
130	2017 年天津国际设计周设计竞赛
131	中国机器人及人工智能大赛 -- 创新比赛
132	第五届"帝度杯"国际家用电器工业设计大赛
133	2017"铜官府杯"中国集邮文创产品设计大赛
134	2017 "紫东杯"工业设计产业大赛
135	2017 秦皇岛首届 "秦皇岛礼物"旅游商品创意设计大赛
136	河源市首届文创产品（河源手信）设计大赛
137	第五届中国老年福祉产品设计大赛
138	第一届 TAD 国际大学生数字创意设计大赛
139	广东省第九届"省长杯"工业设计大赛（韶关赛区）
140	2017 年"刘冯文化" 创意暨"钦州最美礼物"旅游商品设计大赛
141	广东顺德旅游文创产品设计大赛
142	首届黄公望主题两岸文創设计大赛
143	"绿桥杯"全国大学生环保艺术设计大赛

序号	赛事名称
144	首届国际红海滩旅游产品、艺术衍生品创意设计大奖赛
145	2017 纪念碑谷 2 创意插画设计征集
146	中国文字博物馆 2017 年文字文化创意产品设计大赛
147	2017 江苏省"东方 1 号杯"工业设计产业大赛
148	安徽省第四届工业设计大赛"雪雨卫浴"专项赛
149	"祥泰之州"泰州市市徽作品全国征集大赛
150	"奔达杯"第六届汽车轮毂（概念）设计大赛
151	2017 "Alberta 杯"兔宝宝中国好柜族家居设计大赛
152	2019 北京世园会特色纪念品设计（征集）大赛
153	2016 首届"天工苏作杯"非遗文化创意创客大赛
154	第九届"红古轩杯"新中式家具设计大赛
155	2017 年 福建省"海峡杯"工业设计（泉州）大赛
156	2017 佛山旅游纪念品创意设计大赛
157	2017 "盱眙礼物"旅游文创产品大赛
158	"装备中国"2017 年"创新滨海·SEW 杯"高端装备创新设计大赛
159	2017 鹤壁市首届"创意鹤壁·品质生活"创意设计大赛
160	2017 CBME 孕婴童产品设计大赛
161	妙不可言——文创作品设计大赛
162	2017 海南黎族苗族非物质文化遗产创意产品设计大赛
163	2017 蜀之源杯全国家具设计大赛
164	2017 江苏旅游标识及宣传海报征集大赛
165	烧脑吧，老司机！-《极品飞车 OL》创意车贴
166	2017 第三届"海上丝绸之路"创意设计大赛
167	首届"闽台缘"杯文化创意产品设计大赛
168	2017 中国航海博物馆首届文创设计大赛
169	2017 第二届"中国的椅子"原创设计大赛
170	2017 年颐和园文创设计及产品征集大赛——"我最喜欢的皇家礼物"
171	2017 浙江舟山群岛新区首届文创产品设计大赛
172	2017 "筑梦"南海子文化创意设计大赛
173	2017 "劳士顿杯"大学生手表设计大赛
174	黑龙江省首届博物馆文化创意产品设计大赛
175	2017 国际时尚翡翠首饰设计大赛
176	2017 校园创新传播工场（ICCG）汽车造型设计 & 汽车广告创意大赛
177	"十艺济南·创意中国"2017 第三届文化创意产品设计大赛
178	"首届（2017）中国渔文化创意设计展"作品征集
179	2017 "舒华杯"国际健身器材创意设计大赛
180	2016 "大东北金融杯"沈阳工业设计大赛
181	2017 中国画都·潍坊 文化创意设计大赛
182	2017 全国平面公益广告大赛

序号	赛事名称
183	第十二届"老凤祥杯"上海旅游纪念品设计大赛
184	2017 上海新锐首饰设计大赛
185	嵊泗非遗产品创意设计大赛
186	兰州轨道交通吉祥物形象设计大赛
187	"中国好设计" 2017 之新设计大赛
188	"天下黄河富宁夏 塞上江南美银川"全域旅游商品设计大赛
189	2017 首届中国（恩平）工业设计大赛
190	"启程 2017"第一届全国设计院校毕业设计作品联展
191	首届西泠印象文化创意产品设计大赛
192	"喂"爱行动 2017 哺乳巾设计大赛
193	第二届"西塘物语"旅游文创产品设计大赛
194	中国好家具（儿童类）创意设计大赛
195	2017 首届灵璧县旅游商品创意设计大赛
196	2017 宝舒曼「圆梦计划」美履设计大赛
197	"誉宝集团" 2017 广东省新锐首饰设计师大赛
198	2017 首届红岩文化产品创意大赛
199	首届中国陶瓷茶具产品及设计大赛
200	2017 中国传统民艺再生珠宝配饰设计大赛
201	首届中国陶瓷茶具产品及设计大赛
202	河南信阳市鸡公山景区征集吉祥物
203	华笔奖·第六届"百利杯"办公家具创意设计大赛
204	华笔奖·2017 第九届国际荷花杯酒店家具设计大赛
205	2017 年华笔奖·第七届"健威杯"板式家具设计大赛
206	第六届"中泰龙杯"办公家具设计大赛
207	2017 "花溪杯"大学生江南古镇文创设计大赛
208	华笔奖 · 第九届"丽江杯"公共座椅设计大赛
209	水与生活 -- 全国水科技创意设计作品大赛
210	五芳斋吉祥物设计大赛
211	2017 亚洲大学生生肖文化创意设计大赛
212	2017 江西网球公开赛奖杯奖盘设计大赛
213	2017 首届"金鼎奖"文化创意设计大赛
214	恒通 3D 打印众创空间 "2017 产品工业设计大赛 "
215	破局——许昌首届文化艺术设计周创意设计大赛
216	2017 第二届"创享家"设计大赛
217	杰富绅科技箱包设计大赛
218	2017 第八届上海国际首饰设计大赛
219	第二届"交通·未来" 大学生创意作品大赛
220	"招金银楼杯"第一届国际黄金珠宝首饰设计大赛
221	2017 "来出书"杯文创产品设计大赛

序号	赛事名称
222	2017 SMEG 冰箱外立面设计国际邀请赛
223	2017 中国设计红星奖
224	2017 第四届中国高等院校设计作品大赛
225	2016 中国创 e 工业设计 3D 打印大奖赛
226	2017 中国收集创新周暨第五届中国手机设计与应用创新大赛
227	2017 第三届"学院派奖"全国艺术与设计大展
228	2017 华晨汽车·首届大学创客设计大赛
229	2017 年"北京礼物"旅游商品大赛
230	2017（TLD）国际创意设计奖
231	2017 中国旅游商品大赛
232	2017 年北京市大学生工业设计竞赛
233	第十三届（2017）光华龙腾奖
234	Decathlon 智能通勤自行车设计比赛
235	2017 "白玉兰杯"上海设计创新产品大赛
236	2017 年第五届上汽设计国际挑战赛
237	2017 第 19 届"全国设计大师奖"
238	第 15 届学院奖春季赛樱雪工业设计大赛
239	2017 重庆市第五届整体厨房 & 衣柜原创设计大赛
240	2017 第三届河北省工业设计奖
241	第四届河北省文化创意设计大赛
242	2017 首届唐山骨瓷创意征集大赛
243	2017 年辽宁省普通高等学校本科大学生工业设计大赛
244	2017 "南京礼道——非遗好礼"主题文创产品征集
245	2017 第三届"智创淮安"文创产品设计大赛
246	2017 第三届"智创淮安"里运河文化长廊景区文创产品设计
247	2017 第三届"智创淮安"白马湖景区文创产品设计
248	2017 年常州旅游商品创意设计大赛（面向常州地区）
249	2017 山东省大学生工业设计大赛暨第八届齐鲁工业设计大赛
250	2017 中国（九华山）国际禅艺设计大赛
251	2017 创意中国（杭州）青少年国际创意大赛（青少组分赛场）
252	2017 杭州市旅游纪念品创意设计大赛
253	2017 绍兴市第四届工业设计大赛
254	浙江省第九届"闪铸杯"大学生工业设计竞赛
255	第二届福建省大学生文化创新创意大赛
256	第三届中国（蓝光·漳州）钟表设计大赛
257	红棉中国设计奖比赛
258	广东省第九届"省长杯"工业设计大赛（省直赛区）
259	广东省第九届"省长杯"工业设计大赛（广州赛区）
260	TTF 2018 狗年生肖首饰设计大赛

序号	赛事名称
261	第五届"中国（深圳）国际珠宝首饰设计大赛工艺制作奖
262	"创享未来"互联网＋工业设计大赛
263	澳门·深圳首届国际文化旅游创意产品设计大赛
264	2017 囍福结婚金饰国际设计大赛
265	"宝安杯"智能硬件创新设计大赛
266	2017 年深圳技能大赛——工业设计师"工匠之星"职业技能竞赛
267	2017 珠海市第四届"市长杯"工业设计大赛
268	广东省第九届"省长杯"工业设计大赛（珠海赛区）
269	广东省第九届"省长杯"工业设计大赛（佛山赛区）
270	广东省第九届"省长杯"工业设计大赛（清远赛区）
271	2017 年第二届华桂工业设计大赛
272	2017 年广西大学生工业设计大赛
273	吉安文化创意设计暨工艺美术作品创作大赛
274	《中国创意设计年鉴·2016-2017》设计作品＆学术论文 征集
275	2017 第十一届"创意中国"设计大奖
276	2017 年四川省大学生工业设计大赛
277	2017 第七届云南省高校文化节"发现云南之美"云南大学生文化创意设计大赛
278	2017 年"知识产权杯"陕西省大学生工业设计大赛
279	2017 台湾国际学生创意设计大赛
280	2017 金点设计奖
281	2017 DFA 亚洲最具影响力设计奖 Design for Asia Awards

附录 2

工业论坛设计汉诺威 e.V 公司章程

第 1 条：协会名称及注册办事处

协会的名称是 IF- 工业论坛设计汉诺威。

IF- 工业论坛设计汉诺威被列入协会登记册（维也纳登记册）。

协会注册办事处设在德国汉诺威。

第 2 条：协会的宗旨

协会的宗旨是：将设计作为价值链中的环节和社会文化的组成部分，并从中获得接受和支持。协会坚信，有针对性地设计产品、公共和私人居住空间设计，以及友好的用户界面应用设计，都是协会成立时代表公民和文化的使命。

协会的目标是：认可有助于公司实现其商业目标和巩固其经济成功的设计成就；组织竞赛、展览、会议、讲座和其他活动；发行出版物作为讨论的基础；增强公众的设计意识；提供与设计相关问题的对话性论坛。

协会的活动分为不同区域、国家和国际机构等。

第 3 条：年度财政

对应于历年的年度财政。

第 4 条：会员资格

任何自然人或者法人都可以成为协会的成员。行政管理部门应当审查和决定会员申请，并以书面形式提交。在行政管理不确定的情况下，管理委员会应通过简单多数表决来决定是否授予会员资格。协会无须对会员的负面行为承担责任。

除了会员外，协会还包括荣誉会员。荣誉会员是支持"工业论坛设计汉诺威"的个人。可通过在大会上的一致决议当选为荣誉会员。但他们无权在大会上投票。

会员资格的终止：辞职，必须以书面向协会申报。本申报要求在本财政年度结束前至少提前三个月通知，并在本财政年度结束时生效，经管理委员会一致通过决议予以除名。在成员死亡时也终止会员资格。

第 5 条：官方机构

大会

董事会

行政管理

第 6 条：全体大会

大会责任：接收董事会和独立审计员的报告，选举董事会成员，核准董事会和执行管理当局的行动，修改协会的章程，解散协会，在本协会解散时使用本协会的资产，使用年度利润、处理任何损失，设定年度会费，选举荣誉成员。

每年将定期举行一次协会会议。协会全体会员应邀出席大会。特别股东大会的议程将包括上一财政年度的报告、协会的财务报表以及审计账目的结果。

大会应由董事会主席书面召集，至少提前一周通知，并载有会议议程。大会议程由董事会主席或主席任命的另一名董事会成员确定。如果大会一致同意，个别成员要求的议题可列入议程。

如果有重要理由，董事会主席可召开特别大会。如果至少有三分之一的成员提出书面请求，则必须召开这类会议，需要提前两天通知。在紧急情况下，可通过电话或传真发送邀请函。

大会应由董事会主席主持，或者由董事会主席任命的另一名董事会成员主持。

除主持会议的个人外，至少应还有 3 名拥有表决权的其他成员出席，则召开的大会的法定人数为法定人数。

每个成员在大会上有一票表决权。除本章程另有规定外，大会决议应以出席并有权投票成员的简单多数通过。有权投票的成员可指定一名代表出席大会，包括代表表决权。在票数相等的情况下，应由主持会议的个人投决定票。

紧急决议可以通过轮询程序通过。

关于公司章程修正案的决议，应由有资格投票的与会成员以四分之三多数票通过。

批准的决议必须以书面形式记录，并由主持会议的个人和会议记录管理人签署。所有成员应收到一份大会会议记录。

第 7 条：董事会

大会协会的董事会由主席和最多 6 名其他成员组成。理事会成员将由协会成员选出，任期四年，直至举行新的选举。选举因正当理由可在大会上撤销。

董事会主席将在法庭内外代表协会，并允许在个别案件中向第三人授权委托。

董事会应支持执行管理协会的运作，并应决定与协会有关的所有事项，但这种决策权不由大会保留。董事会可选举其他需要承担行政任务的个人，并就协会的所有收入和支出作出决定。

在大会上，成员们将就董事会提出的特别活动和有关支出作出决定。

大会可向理事会提供指导协会运作的议事规则。

第 8 条：行政管理

董事会应任命执行管理人员，负责根据管理委员会发布的准则执行协会的任务。行政管理部门有权就新成员的资格申请作出决定。执行管理层应将影响协会的所有重大事项通知董事委员会。行政管理应遵循管理委员会发布的所有指示，并就所有重要事项事先咨询董事会。

第 9 条：会费

会员年费将在大会上决定，目前如下：

公司：最少 600 欧元

个人：最少 150 欧元

设计师和设计工作室：最少 300 欧元

第 10 条：审计

审计工作将由德意志银行的审计部门或独立的审计师完成。审计结果将在常会上报告。

第 11 条：协会解散

解散协会的决议应由有权投票的成员以四分之三多数票通过，前提是有权投票的成员中至少有三分之二出席大会。

协会解散或废止时，或协会的现行宗旨不再适用时，任何超过成员存放的股本份额和成员所做非现金资本贡献的公平市场价值的资产，均应流向将该资产用于文化或社区福利目的的上市公司。关于这类资产未来应用的决议，只有在税务当局同意后才能采取行动。

决定解散协会的大会应以四分之三多数票的方式通过关于应用协会资产的决议。

第 12 条：利润，支出，会计

协会产生的任何利润应专门用于本章程细则的税收优惠目的。会员不得获得利润份额，也不得以会员身份从协会资金中获得任何其他形式的捐赠。

任何人不得因不符合协会宗旨的行政任务获得不成比例的高报酬。

应通过适当和有序的会计程序，保证协会的资金得到使用。

汉诺威，2005 年 9 月 29 日

Ernst Raue 恩斯特·劳埃

Chairman 主席

附录 3

红星奖 2006 年评委及评委寄语

2006 年首届红星奖共邀请了 11 个国家与地区的 19 位专家担任评委。

Prof. Dr. Peter Zec（德国）

国际工业设计联合会（ICSID）主席。自 1991 年起担任德国北威设计中心主席，该中心举办的"红点设计奖"是目前全世界最具权威的设计大奖之一。2001 年 5 月，出任红点设计奖主席。作为一名德国和国际设计专家，他是红点设计年鉴（*Red Dot Design Yearbook*）的发行人。2005 年，开始担任国际工业设计联合会主席。

Kristina Goodrich（美国）

美国工业设计师协会（IDSA）CEO。自 20 世纪 80 年代初期起，开始推动 IDSA 与《商业周刊》（*Business Weekly*）在工业设计信息方面进行交流，最终促成《商业周刊》与 IDSA 共同主办美国优秀工业设计奖（IDEA）。

Ralph Wiegmann（德国）

德国 IF 设计奖常务理事；曾为多项世界知名设计奖担任评委，如 INTEL 设计奖、BHKS "Design in the Skilled Trades" 奖、爱尔兰 Glen Dimplex 设计奖和韩国 LGE 学生奖等。2001 年，他担任欧洲设计管理奖的评委会主席。

Isabel Roig（西班牙）

2000 年 6 月起，开始担任西班牙巴塞罗那设计中心主席。拥有赫罗纳大学（University of Girona）旅游学学位和巴塞罗那市场营销学院（Barcelona Institute of Marketing）营销与广告管理学的学位。她的职业生涯一直与商务世界联系在一起，曾经就职于多家国内外公司的消费品、工业和服务部门，从事视觉形象、平面传播、企业公关、新产品开发和宣传工作。

Brandon Gien（澳大利亚）

澳大利亚设计奖总裁，澳大利亚标准组织（Standard Australia）设计与联络部主任。曾在澳大利亚纽卡斯尔大学学习机械工程学，毕业时获得工业设计荣誉学位。在过去的几年中，为澳大利亚设计奖改组工作做出巨大贡献。

Alberto Canetta（意大利）

意大利设计协会首席亚洲顾问；原意大利驻华使馆文化参赞；意大利设计巡展（I.DoT）和意大利经典设计展示（ID_CS）作品评委。

Michael Thomson（英国）

欧洲设计协会（BEDA）办公署副部长，伦敦 Design Connect 公司创始人兼负责人，2001—2005 年间担任国际工业设计联合会（ICSID）执行委员。在任期间，倡导建立了国际设计联盟（IDA），创立了世界设计报告（World Design Report）的概念。2005 年，被选举为欧洲设计协会（BEDA）办公署副部长，并于 2007 年 3 月起接任部长职位。

喜多俊之（日本）

日本 G-mark 奖评委会主席，1969 年起开始在日本和意大利工作。1987 年，参加法国蓬皮杜艺术中心 10 周年庆典，部分作品被中心收藏为永久展品。1990 年，应邀担任维也纳艺术大学客座教授，教授日本工业设计并在欧洲和亚洲举办了一系列讲座。为德国、意大利、奥地利和斯堪的纳维亚国家设计过众多产品，对日本传统的工艺设计有着很深的造诣。

李一奎（韩国）

韩国设计振兴院院长，韩国 Good Design 设计奖负责人，韩国高丽大学研究生院贸易、经营学硕士，韩国中央大学研究生院国际经济学博士，曾历任中小企业厅技术支援局、创业风险局局长和京畿地方中小企业厅厅长等。

赵英吉

韩国 Design Mall 设计公司主席、韩国设计师协会理事会主任（1999—2000 年）、韩国好设计奖评委（2002—2004 年）、韩国 LG 电子有限公司设计部部长（1990—1994 年）。

陈文龙（中国台湾）

浩汉产品设计股份有限公司总经理；山东大学客座教授；台湾"好设计奖"评委；具有 20 多年的设计实务经验，曾任日本 Designtoday 顾问。自 1985 年以来，先后参与主持汽机车的设计项目超过 100 件。1988 年，负责成立浩汉设计（NOVA DESIGN）公司，目前，该公司已经成长为世界知名的设计咨询公司。

林衍堂（中国香港）

香港理工大学设计学院副学院主任、英国特许设计学会资深会员、欧洲设计局会员、香港设计师协会会员、香港设计局董事、香港艺术博物馆荣誉顾问。

陈冬亮（中国）

北京工业设计促进中心主任；中国工业设计协会常务理事；专业咨询委员会秘书长；设计创意产业研究资深专家，国内设计创意业的开拓者之一；1995 年领导创建工业设计行业政府促进机构；2005 创办国内首个"DRC 工业设计创意产业基地"；意大利设计中国巡展华人评委；韩国设计展咨询委员会委员；清华大学美术学院工程硕士评委；北京联合大学人才培养指导委员会委员；首钢工学院设计专业指导委员会主任。

柳冠中（中国）

清华大学美术学院责任教授、博士生导师、享受政府津贴学者；清华大学美术学院工业设计系系统设计工作室总设计师；中国工业设计协会副理事长兼学术和交流委员会主任；香港理工大学名誉教授；中南大学兼聘教授、博士导师；哈尔滨工业大学等兼职教授。

何人可（中国）

湖南大学设计艺术学院院长、教授；中国工业设计协会副理事长；教育部高等学校工业设计专业教学指导分委员会主任委员；湖南省设计艺术家协会主席；中国机械工业教育协会工业设计学科教学委员会主任委员。

许平（中国）

中央美术学院设计学院副院长、教授、博士生导师；中央美术学院设计文化与政策研究所所长；中央美术学院奥林匹克艺术研究中心副主任；中国美术家协会工业设计艺术委员会副主任；中国工业设计协会常务理事；第九、第十届全国美展艺术设计展评审委员；第五届中国工艺美术大师评审委员。

张乃仁（中国）

北京理工大学工业设计系主任，设计艺术学院院长，博士生导师，教授；中国工业设计协会常务理事；教育部工业设计专业教学指导分委会委员；中国美术家协会工业设计艺术委员会委员。曾在日本大阪福田设计研究所研修，在日本东京千叶大学工业设计系担任访问学者。

童慧明（中国）

广州美术学院设计学院教授、硕士生导师、副院长；中国美术家协会工业设计艺术委员会委员；中国工业设计协会常务理事；广东省工业设计协会副会长。

林家阳（中国）

同济大学设计艺术研究中心主任；教育部高等学校高职高专艺术设计类教学指导委员会主任；中国艺术研究院研究员兼视觉艺术研究委员会主任；"上海市原创设计大师工作室"领衔大师；"北京2008"奥运会徽设计大赛国际评委；"中华创意产业大奖——创意大国手"。

评委寄语

美国 Kristina Goodrich ——中国创新设计红星奖将会发展成为世界级的设计奖，特此祝贺！

澳大利亚 Brandon Gien ——祝愿中国创新设计红星奖在未来取得巨大的成功。

英国 Michael Thomson ——中国创新设计红星奖为中国企业提供了一个极具意义的机会，有利于国际社会认可它们优秀的产品设计。我祝愿中国创新设计红星奖委员会成功地举办这个年轻的奖项。

日本喜多俊之——我认为，举办 2006 中国创新设计红星奖是一件激动人心的事情。设计对人类生活、工业与经济发展起着举足轻重的作用。在地球和人类社会面临众多环境问题的今天，人们对设计的重视程度应当逐步提高。

韩国李一奎——祝愿中国创新设计红星奖在未来发展成为世界著名的设计奖。

韩国赵英吉——中国创新设计红星奖不仅会发展成为世界级的设计奖，还将为未来的世界设计开辟新的视野。

陈文龙——设计竞赛是一种催化剂，提升人们追求真善美与创新价值！在中国，创新设计红星奖将扮演这一重要使命！

林衍堂——祝愿红星奖照亮中国设计大地。

陈冬亮——红星照耀下的中国是创新的中国。

柳冠中——人类进步的每一里程碑都是对自然、对自己认识水平之否定，也是从不同角度、不同层次对祖先制定的"名""相"的否定。当"分类""命名"这个人为的、阶段的观念阻碍我们认识自然和社会时，人类就会创造新的"分类"和"命名"。"设计"既不是"科学"，也不是"艺术"，它是人类第三种"智慧系统"。

何人可——愿红星奖见证中国工业设计迈向世界的腾飞，成为一个国际性、专业性、权威性的设计大奖。

许平——让设计之星照亮中国经济与文化发展的进程。

张乃仁——设计是用心做的，用爱心做的设计才可称之敬业乐羣之作。

童慧明——愿设计之星光照神州、红透天下。

林家阳——设计呼唤创新，红星传承精神。

附录 4

关于国际各设计奖项的奖励金额

	河北	佛山市南海区	深圳	成都	宁波
政策发布时间	2017 年	2018 年	2017 年	2012 年	2017 年
IF 金奖	50 万	50 万	50 万	10 万	30 万
IF 奖	10 万	1 万	5 万		5 万
IF 其他奖项	10 万	1 万	5 万		5 万
红点至尊奖	50 万	50 万	50 万	10 万	30 万
红点之星	50 万	50 万	50 万		30 万
红点奖	10 万		5 万	8 万	5 万
红点其他奖项	10 万		5 万		5 万
G-Mark 大奖	10 万	1 万	5 万		5 万
G-Mark 金奖	10 万	5 万	5 万		5 万
G-Mark 奖	10 万	1 万	5 万		5 万
G-Mark 其他奖项	10 万	1 万	5 万		5 万
红星奖至尊金奖		10 万元		5 万	
红星奖金奖		10 万元		4 万	
红星奖银奖		5 万		3 万	
红星奖铜奖		1 万			
红星奖及其他奖项		1 万		2 万—4 万	
IDEA 金奖	10 万	5 万	5 万	10 万	5 万
IDEA 银奖	10 万	5 万	5 万	8 万	5 万
IDEA 铜奖	10 万	1 万	5 万	6 万	5 万
IDEA 其他奖项	10 万	1 万	5 万		5 万
中国优秀工业设计奖金奖		10 万	10 万		30 万
省长杯工业设计（金奖以上）		10 万	10 万		
中国专利金奖		10 万			
中国外观设计金奖		10 万			
中国设计智造大奖金奖					30 万

河北省

文件：《河北省人民政府印发关于支持工业设计发展若干政策措施的通知》

支持企业参加设计创新比赛。对获得 IF 国际设计金奖、红点之星、红点至尊奖的，每项奖励 50 万元；对获得中国优秀工业设计奖金奖的，每项奖励 20 万元；对获得 IF 和红点其他奖项、IDEA 奖、G-mark 奖的，每项奖励 10 万元。

广东省（佛山市南海区）

文件：《佛山市南海区人民政府关于印发佛山市南海区工业设计提升扶持办法的通知》

鼓励南海区内企业以设计主体身份参加国内外工业设计奖和设计专利奖奖项评选，对获得以下奖项的进行奖励：

（1）获得 IF 国际设计金奖、红点之星、红点至尊奖的，每项奖励 50 万元；

（2）获得中国创新设计红星奖（金奖以上）的，每项奖励 10 万元；

（3）获得中国创新设计红星奖银奖、IDEA 奖（银奖以上）、G-mark 奖（金奖）的，每项奖励 5 万元；

（4）获得中国创新设计红星奖、IF 国际设计奖、红点奖、IDEA 奖、G-Mark 奖其他层次奖项的，每项奖励 1 万元。

深圳市

文件：《2017 年深圳市知名工业设计奖奖励计划申报指南》

获得 IF 国际设计金奖、红点之星、红点至尊奖每项奖励 50 万元；获得 IF 和红点其他奖项、IDEA 奖、G-mark 奖每项奖励 5 万元。

资助方式：总额控制、自愿申报、社会公示、政府决策。

福田区

文件：《2018 年福田区产业发展专项资金政策》

对上一年度获得德国红点奖、德国 IF 奖、日本优良设计大奖、中国设计红星奖的，按所获奖项最高三个等级分别给予 50 万元、40 万元、30 万元资金支持。同一企业多件作品获得多个奖项的，按从高不重复原则给予支持。

四川省（成都市）

文件：《成都市经济和信息化委员会关于加快工业设计产业发展的意见（试行）的实施细则》

（1）对于获得德国红点奖至尊奖的企业或人员一次性给予 10 万元的奖励；对于获得红点奖的企业或人员一次性给予 8 万元的奖励。

（2）对于获得 IF 奖金质奖的企业或人员一次性给予 10 万元的奖励；对于获得 IF 奖银质奖的企业或人员一次性给予 8 万元的奖励。

（3）对于获得美国 IDEA 金奖的企业或人员一次性给予 10 万元的奖励；对于获得美国 IDEA 银奖的企业或人员一次性给予 8 万元的奖励；对于获得美国 IDEA 铜奖的企业或人员一次性给予 6 万元的奖励。

（4）对于获得国内红星奖至尊金奖的企业或人员一次性给予 5 万元的奖励；对于获得红星奖金奖的企业或人员一次性给予 4 万元的奖励；对于获得红星奖"最佳团队奖"的设计团队一次性给予 4 万元的奖励；对于获得红星奖银奖（或"最具创意奖"）的企业或人员一次性给予 3 万元的奖励；对于获得红星奖"最佳新人奖"的人员一次性给予 3 万元的奖励；对于获得红星奖的企业或人员一次性给予 2 万元的奖励。

浙江省

文件：《宁波市推进"中国制造 2025"试点示范城市建设的若干意见的实施细则》

对获得 IF 国际设计金奖、红点之星、红点至尊奖等重大奖项的每项奖励 30 万元，IF 和红点其他奖项、IDEA 奖、G-mark 奖，每项奖励 5 万元。

附录 5

2017 国际工业设计奖项

大赛名称	大赛名称（中文）	类型	国家	网址
Good Design Award	优良设计奖	综合	日本	http://www.g-mark.org
IF design award	IF 设计奖	综合	德国	https://ifworlddesignguide.com/
Best in design	最佳设计竞赛	综合	美国	http://www.bestindesign.eu/
Jumpthegap Roca	Jumpthegap Roca 国际设计大赛	综合	西班牙	http://www.jumpthegap.net
Simple office accessories product design contest	简易办公配件产品设计大赛	单项	斯洛文尼亚	http://inventedfor.com/en/contests/10/simple-office-accessories.html
Battery Lawn Tools Competition	电池草坪工具竞赛	单项	意大利	https://desall.com/Contest/Battery-Lawn-Tools/Brief
World of Wearableart	可穿戴艺术世界奖	单项	新西兰	https://www.worldofwearableart.com/competition/
Furnishing Creative Lighting	装饰创意照明比赛	单项	意大利	http://bit.ly/FurnishingCreativeLighting
Golden Pin Design Award	金点设计奖	综合	中国台湾	http://www.goldenpin.org.tw/en/
Wild Bird Seed Feeder Student Design Competition	2017 年国际野鸟种子饲养员学生设计比赛	单项	美国	https://www.perkypet.com/student-design-competition
Smart Pasta-3d Shapes	Smart Pasta-3d 打印竞赛	综合	意大利	https://desall.com/Contest/SMART-PASTA/Brief
Battery Lawn Powerhead Competition	Battery Lawn Powerhead 竞赛	单项	意大利	http://bit.ly/BatteryLawnPowerhead
Red Dot Design Award	红点奖	综合	德国	http://www.red-dot.sg/en/
Young Guns 15 Competition	Young Guns 15 竞赛	综合	美国	http://www.adcglobal.org
Cgtrader's 3d Modeling Schwag Challenge	Cgtrader 的 3D 建模 Schwag 挑战赛	单项	立陶宛	https://www.cgtrader.com/challenges/3d-challenge-designer-schwag
Powerup Your Bubbles Competition	Powerup Your Bubbles 竞赛	单项	意大利	https://desall.com/Contest/Powerup-Your-Bubbles/Brief

大赛名称	大赛名称（中文）	类型	国家	网址
Galletti Shape Contest	Galletti 形状竞赛	单项	意大利	https://desall.com/Contest/Galletti-Shape-Contest/Brief
Vibram Rubber Skin Attitude Competition	Vibram Rubber Skin Attitude 竞赛	单项	意大利	http://bit.ly/VibramDesign
INDUSTART INTERNATIONAL INDUSTRIAL DESIGN AWARDS	INDUSTART 国际工业设计奖	综合	乌克兰	http://industart.org/
Design by Your Side-Medical Furniture Contest	侧面设计—医疗家具比赛	单项	意大利	https://desall.com/Contest/Design-By-Your-Side/Brief
INDUSTRIAL DESIGN EXCELLENCE AWARDS	IDEA 奖	综合	美国	http://www.idsa.org/
A' Design Award	2017 A'设计大奖赛	综合	意大利	https://competition.adesignaward.com/theaward.html
Fennia Prize	芬兰优秀设计奖	综合	芬兰	http://www.designforum.fi/prizes/fenniaprize/2017competition
Dutch Design Awards	荷兰设计奖	综合	荷兰	http://www.dutchdesignawards.nl/nl/
Observeur Du Design	法国 Observeur 设计奖	综合	法国	http://www.apci.asso.fr/
Design Effectiveness Awards	英国设计奖	综合	英国	http://www.effectivedesign.org.uk/
Italian Compasso d`Oro Award	Compasso d`Oro 设计奖	综合	意大利	http://www.adi-design.org/homepage.html
German Design Award	德国国家设计奖	综合	德国	https://www.german-design-award.com/
K-DESIGN AWARD2017	2017 韩国 K-DESIGN AWARD 设计奖	综合	韩国	http://www.kdesignaward.com/
GOOD DESIGN AWARD AUSTRALIAN	2017 澳大利亚优良设计奖	综合	澳洲	http://www.gooddesignaustralia.com/
James Dyson Award2017	2017 戴森设计大奖	综合	英国	http://www.jamesdysonaward.org/
Wallpaper Design Award2017	2017 Wallpaper 设计大奖	综合	英国	https://www.wallpaper.com/design-awards/2017